核动力厂定期安全评价国际经验和标准

Standards and International Experience of Periodic Safety Review

生态环境部核与辐射安全中心　编著

中国原子能出版社

图书在版编目（CIP）数据

核动力厂定期安全评价国际经验和标准 / 生态环境部核与辐射安全中心编著. —北京：中国原子能出版社，2020.12

ISBN 978-7-5221-1173-5

Ⅰ. ①核…　Ⅱ. ①生…　Ⅲ. ①核电厂–安全评价–国际标准　Ⅳ. ①TM623.8-65

中国版本图书馆 CIP 数据核字（2021）第 014003 号

内 容 简 介

核动力厂定期安全评价国际经验和标准

出版发行	中国原子能出版社（北京市海淀区阜成路 43 号　100048）
责任编辑	杨晓宇　胡晓彤
责任印制	赵　明
印　　刷	北京金港印刷有限公司
经　　销	全国新华书店
开　　本	787 mm×1092 mm　1/32
印　　张	6.875
字　　数	185 千字
版　　次	2020 年 12 月第 1 版　2020 年 12 月第 1 次印刷
书　　号	ISBN 978-7-5221-1173-5　　定　价　**42.00** 元

网址：**http://www.aep.com.cn**　　E-mail：**atomep123@126.com**

发行电话：**010-68452845**

本书编委会

主　　编　闫修平　张　弛

编著人员　闫修平　熊文彬　陈　辞　王　琳

施熔刚　李仲勋　张　弛

前言

Preface

1994 年 6 月 17 日，国际原子能机构在其总部举行的外交会议通过《核安全公约》,《核安全公约》要求缔约国提高核动力厂安全，并作出一切合理可行的改进。在核动力厂的整个寿期内进行全面和系统的安全评价并详细记录，随后根据运行经验和重要的新安全信息进行更新，并在监管机构的授权下进行审查。2015 年的《维也纳核安全宣言》是一项国际政治协定，根据该协定，《核安全公约》缔约方实现《核安全公约》中预防放射性事故、减轻事故后果的目标应包括以下原则：在现有设施的整个寿期内，应定期对其进行全面系统的安全评价，以确定满足上述目标的安全改进措施，并及时实施合理可行或可实现的安全改进。此外，国际原子能机构通过制定和实施《基本安全原则》《设施和活动的安全评价》《核动力厂安全：调试和运行》《核动力厂定期安全评价》等一系列安全原则和标准，形成了完善的定期安全评价标准体系。

我国于 2004 年引入国际原子能机构核动力厂定期安全评价标准体系，发布了 HAF103《核动力运行安全规定》以及

HAD103/11《核动力厂定期安全评价》。2018 年，《中华人民共和国核安全法》正式实施，标志着我国核动力厂定期安全评价法律标准体系进一步完善。根据《中华人民共和国核安全法》的要求，核设施营运单位应当依照法律、行政法规和标准的要求，设置核设施纵深防御体系，有效防范技术原因、人为原因和自然灾害造成的威胁，确保核设施安全。核设施营运单位应当对核设施进行定期安全评价，并接受国务院核安全监督管理部门的审查。这是我国第一次以国家法律的形式提出的核设施定期安全评价的要求。

自核能用于发电以来，核动力厂安全水平的持续提升一直是从业者们努力的方向。各国在核安全水平提升的实践中积累了大量的实践经验，逐步形成了一套通过对照现行安全标准和实践来全面评价核动力厂老化、修改、运行经验、技术更新和厂址方面的积累效应，确保核动力厂在整个使用寿期内具有高的安全水平的定期安全评价方法。

自 20 世纪 80 年代以来，我国持续健康安全发展核电事业，截至 2019 年 12 月 31 日，我国核动力厂在运机组高达 47 台，对加强核安全监管能力和保持高水平安全提出了更高的要求。及时调查和总结国际原子能机构以及世界各国核动力厂定期安全评价机制，对我国定期安全评价监管体系的发展以及制定核安全改进措施具有重要的借鉴意义。

本书对国际原子能机构、美国、法国、俄罗斯、英国、韩国的定期安全评价活动的法规标准要求、实施历史进行了全面介绍，旨在帮助读者全面认识和理解核动力厂定期安全评价的国际经验和法规标准体系。书中还对我国核动力厂定期安全评价下一步工作提出了建议和展望，旨在推动我国核动力厂定期安全评价活动更加完善。

本书作为国内第一本系统而全面介绍国际核动力厂定期安

全评价的专著，填补了国内核电相关书籍在定期安全评价这一领域的空白。本书既可作为了解核动力厂定期安全评价的科普读物，也可作为核电行业相关从业人员深入理解定期安全评价及辅助定期安全评价工作的重要技术参考文献。

本书由闫修平、张弛主持编写，第一章、第二章、第三章由闫修平编写，第四章由熊文彬编写，第五章由陈辞编写，第六章由王琳编写，第七章由施熔刚编写，第八章由李仲勋编写，第九章由张弛编写。

本书在编写过程中得到了生态环境部和国家核安全局的大力支持，编者在此深表谢意。

鉴于编者水平以及资料来源的限制，书中难免存在纰漏和值得深入探讨之处，敬请广大读者批评指正。

编　者

2020 年 12 月于北京

目录
Contents

第一章 引 言

鹤鸣于九皋，声闻于天。鱼在于渚，或潜在渊。乐彼之园，爰有树檀，其下维榖。他山之石，可以攻玉。

——《诗经·小雅·鹤鸣》

自从20世纪50年代世界上第一座核动力厂建成以来，安全问题便一直伴随着核动力厂的整个运行过程，并伴随着三哩岛核事故、切尔诺贝利核事故和福岛核事故一次又一次地成为世界人民关注的焦点。与其他行业的安全理念一样，核安全不是一个孤立静止的概念，而是一个多层面、多因素、动态发展的概念，其内涵随着人类科学技术的发展、法规标准的变化、核动力厂运行经验的积累而不断更新。为了保护生态环境、公众和从业人员的安全和健康，世界各国在发展核动力厂的过程中一直致力于核动力厂设计的改进与创新，一直致力于核安全水平的不断提升，并在实践中形成和发展了三种发现问题和提升安全水平的安全审查方式。这三种安全审查方式是常规安全审查、专项安全审查和定期安全评价。实践证明，定期（一般为十年）对现有设施的安全进行系统性再评价，处理核动力厂老化、修改、运行经验、技术更新和厂址方面的积累效应，是全面掌握核动力厂实际安全情况，确定合理可行修改，使核动力厂保持高的安全性，改善老核动力厂安全，使之接近新核动力厂安全水平的一种有效方法。定期安全评价是所有审查方式中最全面、最系统化的核安全审查方式，是常规安全审查和专项安全审查的重要补充，被世界核电国家普遍采用，极大地促进了世界核动力厂安全水平的提升。

2018 年 1 月 1 日起，《中华人民共和国核安全法》开始施行。《核安全法》以保障核安全，预防与应对核事故，安全利用核能，保护公众和从业人员的安全与健康，保护生态环境，促进经济社会可持续发展为目标，从高从严建立核安全标准体系，由国务院核安全监督管理部门负责核安全的监督管理。《核安全法》第十六条明确要求："核设施营运单位应当依照法律、行政法规和标准的要求，设置核设施纵深防御体系，有效防范技术原因、人为原因和自然灾害造成的威胁，确保核设施安全。核设施营运单位应当对核设施进行定期安全评价，并接受国务院核安全监督管理部门的审查。"这是我国第一次以国家法律的形式提出了核动力厂定期安全评价的要求。

在我国核动力厂安全运行的近 30 年中，监管机构和营运单位等核安全从业者们一直致力于核安全水平的不断提升，在秦山核电厂、大亚湾核电厂、田湾核电厂等核动力厂开展了数次核动力厂定期安全评价，及时发现并纠正了一些核安全问题，实施了大量改进措施。截至 2019 年 12 月 31 日，我国核动力厂在运机组高达 47 台，运行年限接近 370 堆年，反应堆堆型主要是压水堆。近年来，我国核电事业安全健康发展，在运规模不断扩大，对加强核安全监管能力和保持高水平安全提出了更高的要求。国际原子能机构以及世界各国通过不断完善的定期安全评价机制及时识别和发现了若干核安全问题，极大地提升了核动力厂的运行安全水平，对我国定期安全评价监管体系的发展以及制定核安全改进措施具有重要的借鉴意义。

本书全面系统地研究总结了国际原子能机构以及世界主要

核电国家在定期安全评价方面的发展历史和实践经验，并对我国核动力厂定期安全评价下一步工作提出了建议和展望。

第一章对本书的编写背景、目的以及框架结构进行了概述。

第二章定义了本书中使用的术语。术语主要包括定期安全评价、常规安全审查、专项安全审查、老化、老化管理、安全问题、核动力厂设备、设计中考虑的核动力厂状态、运行限值和条件、假设始发事件、共因故障、多重性、多样性、独立性、确定论安全分析、概率论安全分析、核安全文化等。这些术语和解释都是更好地理解和实施定期安全评价的重要内容。

第三章从世界核电现状、国际原子能机构定期安全评价相关历史、安全原则和标准要求以及定期安全评价实践等方面，全面介绍了国际原子能机构在定期安全评价方面安全要求框架及发展历史。

第四章系统地介绍了法国核电现状以及法国核动力厂定期安全评价历史，详细阐述了法国定期安全评价法规标准要求框架以及法国压水堆核动力厂历次定期安全评价实践经验。

第五章系统地介绍了美国核电现状以及美国在核动力厂定期安全评价方面的发展历史，详细阐述了美国定期安全评价的做法与国际原子能机构推荐的做法之间的区别和联系，并详细介绍了美国在提升运行核动力厂安全水平方面的实践经验。

第六章介绍了英国核电现状以及法国核动力厂定期安全评价历史，详细阐述了法国定期安全评价法规标准要求框架以及法国压水堆核动力厂历次定期安全评价实践经验。

第七章介绍了俄罗斯核电现状以及法国核动力厂定期安全评价历史，详细阐述了法国定期安全评价法规标准要求框架以及法国压水堆核动力厂历次定期安全评价实践经验。

第八章介绍了韩国核电现状以及法国核动力厂定期安全评价历史，详细阐述了法国定期安全评价法规标准要求框架以及法国压水堆核动力厂历次定期安全评价实践经验。

第九章在总结国际定期安全评价历史经验和教训的基础上，结合国内定期安全评价活动的特点，对我国核动力厂定期安全评价的下一步工作提出了建议和展望。

第二章　基本概念和术语

作为一种感人的力量，语言的美产生于言辞的准确、明晰和动听。

——高尔基

定期安全评价（评价）

定期（一般为十年）对现有设施的安全进行的系统性再评价，以处理核动力厂老化、修改、运行经验、技术更新和厂址方面的积累效应，是全面了解核电站实际安全水平以及确保核动力厂在整个使用寿期内保持高水平安全而应进行合理可行修改的有效方法。定期安全评价是对常规安全审查和专项安全审查的补充，而不是替代。

常规安全审查

即对核动力厂运行进行的日常监督和检查，包括对核动力厂硬件和程序的修改、安全重要事件、运行经验、核动力厂运行管理、人员资格等的审查，也包括核安全重要构筑物、系统和部件的定期监督、检查和维修。

专项安全审查

由特定电厂或所有核动力厂针对国内或国外发生的具有重

要安全意义的事件或事故进行的针对性较强的安全审查，包括对三哩岛、切尔诺贝利和福岛等重大核事故的调查后提出的建议和经验教训、风险评估结果进行的安全检查，以核实除了现有的安全要求外，是否需要采取补充措施，以减少事故发生的可能性或缓解事故的后果。

营运单位

持有国家核安全监管部门颁发的许可证（执照），负责经营和运行核动力厂的单位。

（核）安全

完成正确的运行工况、事故预防或缓解事故后果从而实现保护厂区人员、公众和环境免受过量辐射危害。

安全问题

对现行安全标准或实践的偏离，以及事件或事故反映出的设计或实践的弱点。安全问题一般通过影响纵深防御、安全裕度或安全文化而对核安全造成潜在危害。

老化

一个构筑物、系统或部件随着时间和使用在性能上的综合变化，一般包括物理老化和非物理老化（过时）。物理老化是指构筑物、系统和部件由于物理、化学、生物等老化机制引起的物理性能的逐渐劣化。非物理老化（过时）是指由于核动力厂所用的知识、标准和技术没有更新或更新缓慢导致这些知识、标准和技术的过时（主要类型见表 2-1）。

表 2-1 主要类型

过时领域	表现	后果	管理
知识	目前构筑物、系统和部件相关的标准、法规和技术知识没有更新	错过了核动力厂安全水平提高的机会； 降低了延寿运行的能力	不断更新知识，并强化知识的应用
标准和法规	硬件和软件背离当前法规和标准； 设计的薄弱环节（如设备质量鉴定、隔离、多样性、严重事故管理能力）	核动力厂安全水平低于当前的标准和法规要求（例如纵深防御缺陷或堆芯损坏概率高）； 延寿运行能力降低	依据当前标准进行系统的再评估（如定期安全评价），适当的改造、修改或升级
技术	备件和/或技术支持缺乏； 供应商和/或工业产能不足	失效率增加和可靠性降低使得核动力厂性能和安全性降低； 降低了延寿运行的能力	系统地确定构筑物、系统和部件剩余使用寿命以及可能的过时； 根据使用寿命准备备品备件，及时更换零部件； 与供应商签订长期协议； 开发等效的构筑物或部件

老化管理

为维持核动力厂的安全性，通过工程、运行和维修等手段，探测构筑物、系统和部件的老化效应，评价与老化有关的安全裕度的降低，并在核动力厂完整性和功能丧失之前及时采取纠正措施。

设计中考虑的核动力厂设备（见表 2-2）

表 2-2 设计中考虑的核动力厂设备

<table>
<tr><td colspan="4">核动力厂设备</td></tr>
<tr><td colspan="3">安全重要物项</td><td rowspan="2">非安全重要物项</td></tr>
<tr><td>安全有关系统</td><td>安全系统</td><td>用于设计扩展工况的安全设施</td></tr>
</table>

核动力厂状态（见表 2-3）

表 2-3　核动力厂状态

运行状态		事故工况		
正常运行	预计运行事件	设计基准事故	设计扩展工况	
			没有明显造成堆芯损伤	堆芯熔化（严重事故）

运行状态

正常运行或预计运行事件两类状态的统称。

事故工况

偏离正常运行，比预计运行事件发生频率低但更严重的工况。

事故工况包括设计基准事故和设计扩展工况。

正常运行

核动力厂在规定的运行限值和条件范围内的运行。

预计运行事件

在核动力厂运行寿期内预计至少发生一次的偏离正常运行的各种运行过程；由于设计中已采取相应措施，这类事件不至于引起安全重要物项的严重损坏，也不至于导致事故工况。

设计基准事故

导致核动力厂事故工况的假设事故，这些事故的放射性物质释放在可接受限值以内，该核动力厂是按确定的设计准则和保守的方法来设计的。

设计扩展工况

不在设计基准事故考虑范围的事故工况，在设计过程中应该按最佳估算方法加以考虑，并且该事故工况的放射性物质释放在可接受限值以内。设计扩展工况包括没有造成堆芯明显损伤的工况和堆芯熔化（严重事故）工况。

运行限值和条件

经国家核安全局批准的，为核动力厂的安全运行列举的参数限值、设备的功能和性能及人员执行任务的水平等一整套规定，包括技术和管理两个方面。运行限值和条件必须反映最终设计，并在核动力厂运行开始之前经国家核安全局审查和批准。运行限值和条件的目标是：（1）防止发生可能导致事故工况的状态；（2）如果发生这种事故工况，则减轻其后果。运行限值和条件应当包括对各种运行状态（包括停堆在内）的要求，一般可以分为以下几类。

（1）安全限值；

（2）安全系统整定值；

（3）正常运行的限值和条件；

（4）监督要求；

（5）偏离正常运行时的行动。

假设始发事件

在设计时确定的能导致预计运行事件或事故工况的事件。假设始发事件本身并不是事故；它是一个引发了一个序列的事件，并由不同的附加故障而导致运行事件、设计基准事故或严重事故的事件。假设始发事件包括在各种功率及停堆状态下，所有可预见的核动力厂构筑物、系统和部件失效、人员差错，以及内部和外部危险可能引起的失效。

共因故障

由特定的单一事件或起因导致两个或多个构筑物、系统或部件失效的故障。这种失效可能同时影响到若干不同的安全重要物项。这种事件或原因可能是设计缺陷、制造缺陷、运行或维修差错、自然现象、人为事件，或核动力厂内任何其他操作或故障所引起的意外的级联效应。若干同类型部件同时失效时，也可能发生共因故障。这可能由诸如环境条件的变化、信号饱和、重复的维修差错或设计缺陷等原因所引起。

多重性

为完成一项特定安全功能而采用多于最少套数的设备，即多重性，它是达到安全重要系统高可靠性和满足单一故障准则的重要设计原则。在运用多重性原则的条件下，至少一套设备出现故障或失效是可承受的，不会导致功能的丧失。例如，在某一特定功能可由任意两台泵完成之外，设置三台或四台泵。为满足多重性要求，可采用相同或不同的部件。

多样性

为执行某一确定功能而设置两个或多个多重部件或系统，这些不同部件或系统具有不同属性，从而减少了共因故障的可能性。获得不同属性的方式有：采用不同的工作原理、不同的物理变量、不同的运行条件或使用不同制造厂的产品等。采用多样性原则能减少共因故障的可能，从而提高系统的可靠性。

独立性设备

具有以下两个特征的设备：（1）履行其要求的功能的能力不

受其他设备的运行或故障的影响。(2) 履行其要求的职能的能力不受要求行使职能的始发事件所产生的影响。独立性可在系统设计中通过采用功能隔离或实体分隔来实现。

确定论安全分析

以纵深防御概念为基础，以确保反应性控制、余热排出和放射性包容三项基本安全功能为目标，针对确定的设计基准工况，采用保守的假设和分析方法，并满足特定验收准则的一套方法。主要包括以下内容。

（1）制定和确认所有安全重要物项的设计基准；

（2）表征与核动力厂设计和厂址相适应的假设始发事件；

（3）分析和评价假设始发事件导致的事件序列，以确认鉴定要求；

（4）将分析结果与验收准则、设计限值、剂量限值以及可接受限值进行比较，以满足辐射防护要求；

（5）论证通过安全系统的自动响应并结合所规定的操纵员动作，能够管理预计运行事件和设计基准事故；

（6）论证通过安全系统的自动响应和利用安全设施功能并结合预期的操纵员动作，能够管理设计扩展工况。

概率安全分析

以概率论为基础的风险量化评价方法。与传统的确定论安全分析方法相比，概率安全分析方法可较现实地反映核动力厂的实际状况，其分析对象不仅仅局限于设计基准工况，而是尽可能地考虑更广泛的事件谱，并对这些事件的进程进行全面的分析，并在此基础上对风险进行量化。

核安全文化

指各有关组织和个人以“安全第一”为根本方针，以维护公众健康和环境安全为最终目标，达成共识并付诸实践的价值观、行为准则和特性的总和。核安全文化需要内化于心，外化于形，让安全高于一切的核安全理念成为全社会的自觉行动；建立一套以安全和质量保证为核心的管理体系，健全规章制度并认真贯彻落实；加强队伍建设，完善人才培养和激励机制，形成安全意识良好、工作作风严谨、技术能力过硬的人才队伍。核安全文化的培育是一个持续不断推进的长期过程。

第三章　国际原子能机构的定期安全评价

应在现有装置的整个寿期内对它们定期和经常开展全面和系统的安全评定，以便确定旨在实现上述指向目标的安全改进。应及时实施合理可行或可实现的安全改进。

——《维也纳宣言》

第一节　世界核电厂概况

据国际原子能机构网站数据，截至 2019 年 12 月，全球在运核电机组 443 台（中国大陆 47 台），在建机组 54 台（中国大陆 11 台）。全球反应堆累计运行超过 18 329 堆年，遍布 33 个国家，共 629 台机组，表 3-1 提供了世界核动力厂机组的运行和关闭的详细情况。在这些核电机组中，有 186 台机组被永久关闭，运行超过 30 年的机组有 292 台，运行超过 40 年的机组有 92 台，图 3-1 提供了世界核动力厂运行年限与机组数量的具体信息。这些机组主要反应堆类型有压水堆（PWR）、沸水堆（BWR）、重水堆（PHWR）、轻水冷却石墨慢化堆（LWGR）、气冷堆（GCR）、快中子增殖堆（FBR），图 3-2 提供了各反应堆类型的数量和发电量信息。

表 3-1　世界核动力厂运行和关闭情况（截至 2019 年 12 月 31 日）

序号	国家或地区	运行/台	关闭/台	运行年限/年月	
1	阿根廷	3		88	2
2	亚美尼亚	1	1	45	8
3	比利时	7	1	303	7
4	巴西	2		57	3
5	保加利亚	2	4	167	3
6	加拿大	19	6	769	6
7	中国	48		370	1
8	捷克	6		170	10
9	芬兰	4		163	4
10	法国	58	12	2 280	4
11	德国	6	30	846	7
12	匈牙利	4		138	2
13	印度	22		526	11
14	伊朗	1		8	4
15	意大利		4	80	8
16	日本	33	27	1 899	6
17	哈萨克斯坦		1	25	10
18	韩国	24	2	572	2
19	立陶宛		2	43	6
20	墨西哥	2		55	11
21	荷兰	1	1	75	
22	巴基斯坦	5		82	5
23	罗马尼亚	2		35	11
24	俄罗斯	38	8	1 334	5
25	斯洛伐克	4	3	172	7
26	斯洛文尼亚	1		38	3
27	南非	2		70	3
28	西班牙	7	3	343	1

续表

序号	国家或地区	运行/台	关闭/台	运行年限/年月	
29	瑞典	7	6	467	
30	瑞士	4	2	224	11
31	英国	15	30	1 619	7
32	乌克兰	15	4	518	6
33	美国	96	37	4 505	8
34	中国台湾	4	2	228	8
	总计	443	186	18 329	10

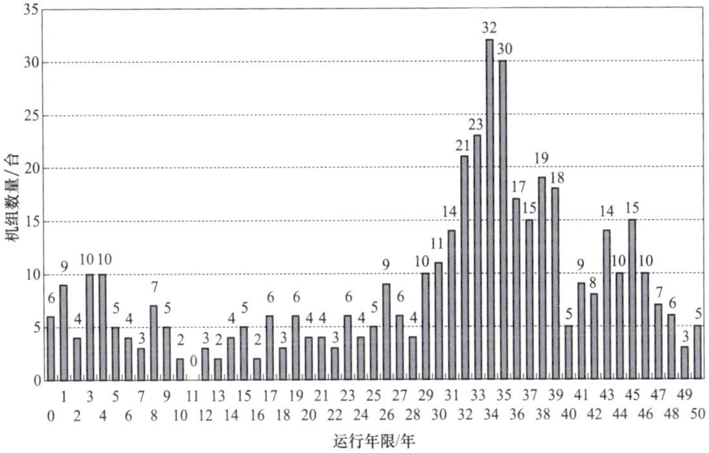

图 3-1　世界核动力厂运行年限与机组数量（截至 2019 年 12 月 31 日）

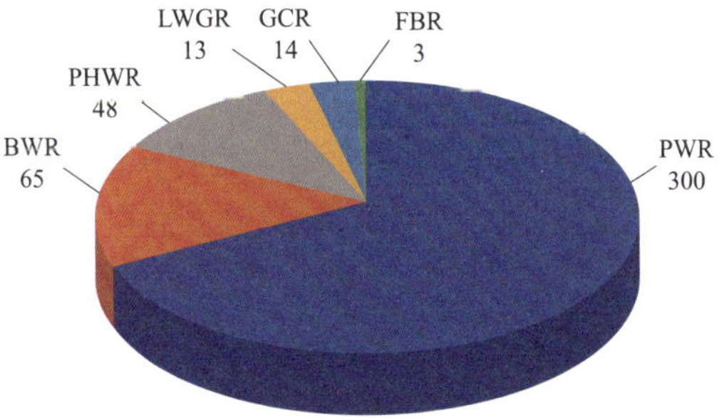

图 3-2　核动力厂主要反应堆类型数量（截至 2019 年 12 月 31 日）

第二节 发展历史

安全不仅取决于科学和技术知识，而且取决于技术进步和经验，是一个动态的、连续的过程。自从 1954 年苏联建成世界上第一座通过常规输电网供应电力的核动力反应堆以来，核安全一直是世界关注的焦点。60 多年来，得益于新的科学和技术知识、更好的分析方法和从运行中汲取的经验，安全标准和实践有了重大发展。由于核反应堆的特殊性，核动力厂在其整个运行过程中都须接受持续的安全审查，旨在改进技术并持续提高运行安全水平。定期安全评价是安全审查的重要组成部分，伴随着核动力厂的发展而不断完善和发展。从各国缺乏统一方法和思路发展到 IAEA 制定和不断完善相关要求和指南，定期安全评价为世界运行核动力厂保持高的安全水平作出了重要贡献。

1. 自发阶段（70 年代—80 年代末）

20 世纪 70 年代，世界上很多国家都加入了核动力厂建设和运行的活动中，定期安全评价的活动也随之在各国展开。国际原子能机构在 1978 年发布的 50-SG-O《核动力厂运行安全》要求核动力厂管理层应定期审查核动力厂的运行情况，并对发现的任何问题采取适当的纠正措施，可以邀请外部专家审查特定的安全问题和放射性问题。1988 年修订后的 50-SG-O《核动力厂运行安全》增加了对安全重要的重大事件应向监管机构报告的要求。这个时期的核动力厂定期安全评价在各个国家以不同的形式、不同的方法以及不同的标准广泛实施。

1975 年，比利时成为第一个将定期安全评价作为许可证要求的国家。由皇家法令授予的运行许可证要求每个核动力厂需要每十年进行一次定期安全评价，具体要求包括：一是比较核动力厂实际状态与其适用的程序之间的差异；二是比较核动力厂的实际状态与美国和欧洲共同体当时实行的安全标准和实践做法之间的差异，说明差异的必要性和可能的补救措施，以及制定合理可行的改进措施和时间表。运行许可证没有时间限制，但是如果发现重大安全问题，监管机构可以随时中止运行许可证。比利时第一次定期安全评价始于 1983 年，并根据要求（即开始商业营运后的 10 年）于 1985 年发布了总结报告，并提出了一些改进措施。这些改进措施已于 1990 年完成，主要包括：增加远程停堆系统；加强抗震管道支撑；加强防火系统；安装应急压缩空气系统；更换所有堆芯热电偶；改进一回路超压保护系统；辅助厂房的新通风系统；修订技术规格书；更换过程计算机；气体废物系统改进；增加事故后辐射监测系统及事故后取样系统；安全重要设备分级和鉴定；电厂程序改进。

1979 年，意大利成为最早完成第一次定期安全评价的国家。意大利核动力厂的许可证规定期限为 10 年，此后，营运单位必须重新进行全面的安全评估并由监管机构进行审查，以评估原始安全裕度是否足够，并验证最新法规要求的符合性。这次定期安全评价花了几年时间才完成。审查领域主要包括安全重要构筑物、系统和部件、应急堆心冷却系统、原始设计基准事故以及额外的加压热冲击（PTS）、蒸发器给水丧失、人因、防火、地震再评价、辐射环境影响和应急预案等方面。作为定期安全评价的重要成果，改进措施主要有重新设计的符合 10 CFR 50 的附录 K 要求的应急堆心冷却系统、强化建筑物抗震能力、增加应急柴油发电机、新型蒸汽发生器给水系统、电缆绝缘改进、增加地震防护仪表、防火改进、主控制室通风改进、管道和机柜支撑改进等。遗憾的是，实施首次定期安全评价的三个核动力厂在十年后没有进行第二次定期安全评价，并于 20

世纪 80 年代被关闭。

各国在 20 世纪 70 年代和 80 年代进行的早期定期安全评价带有自发性、独特性等特点，缺少统一的理念、方法、策略、范围和深度要求。因此，20 世纪 80 年代后期，一些国际组织开始探索能够广泛适用的定期安全评价方法。20 世纪 80 年代末 90 年代初，欧共体（EC）和经合组织（OECD）对各国定期安全评价进行了调查和研究，旨在探求定期安全评价的意义、方法、范围和流程，并发布了各自的研究报告。这两份研究报告对定期安全评价的相关内容进行了初步阐述。

（1）明确了定期安全评价是常规安全审查和专项安全审查的重要补充。

（2）明确了定期安全评价的主要目标是使用现有方法，依据当前的安全目标和实践进行全面审查，判断核动力厂是否安全，以及是否已作出适当安排来维护核动力厂安全。包括：一是确认核动力厂是否如最初预期的安全；二是重新评估核动力厂状态，找出任何可能限制未来安全运行的因素；三是通过与现行安全标准和实践进行比较来证明核动力厂目前安全水平的合理性，针对偏差提出基于安全原因有必要且有价值的修改，或通过管理和技术程序进行补偿的建议。

（3）可以合理地假设，核动力厂最新设计或新建核动力厂使用的现行安全标准和最佳做法可提供很高的安全水平。

（4）对识别出的偏差项进行确定论分析、概率安全分析、工程判断、专家意见等综合判断，制定相应安全改进措施。

（5）定期安全评价具有以下潜在好处。

① 当审查结果表明需要时，可通过对核动力厂修改和运行优化来提高安全水平；

② 证明该核动力厂的安全水平可与最新核电厂相媲美；

③ 找出与现行安全标准和最佳实践的偏差，并评估其安全

重要性；

④ 改善常规运行制度，包括维修、试验和检查以及事故管理优化；

⑤ 提高核动力厂可用性水平；

⑥ 更加了解核动力厂及其人员的优缺点；

⑦ 增强核动力厂持续安全运行信心；

⑧ 了解可能的安全运行寿期、可能限制寿期的原因，以及因此而延长寿期；

⑨ 提高营运单位对未来计划和投资策略的信心；

⑩ 提高公众对核动力厂、营运单位和监管机构的安全信心；

⑪ 提高邻国对核动力厂的安全信心。

（6）定期安全评价具有如下限制。

① 范围限制。定期安全评价考虑的是核动力厂通用的安全要素，并未考虑核动力厂许可机制、监管活动有效性、电力政策、实物保护等内容。

② 时间限制。定期安全评价的常见局限性是它们通常需要数年的时间。限制总时间范围的一种方法是对所有相同的核动力厂同时进行定期安全评价。另一种方法是对几个核动力厂的通用安全问题同时进行全面审查。

③ 长期研究问题限制。必须认识到关于事故管理、PSA 开发，对材料特性（例如辐射脆化，燃料包封等）等长期研究的核安全问题，定期安全评价应该限于审查研究结果的应用。

2. 体系形成阶段（20 世纪 90 年代—21 世纪初）

20 世纪 80 年代末和 90 年代初，随着人们对核动力厂安全水平的担忧日益增强，确定核动力厂安全的共同基础成为焦点。人们越来越关注不符合当前安全标准的设计以及在安全方面存在的缺陷，例如操作不良、安全文化薄弱，或国家基础设施薄弱等。同样令人关注的是核动力厂设计或程序中未充分考虑外部事件。

1988 年，国际原子能机构发布安全系列报告 INSAG-3《核动力厂基本安全原则》，主要基于两点考虑：一是核安全手段的多年发展已经可以为所有核动力厂提出确保高水平安全的共同原则；二是切尔诺贝利核事故的国际后果对所有国家和所有类型核动力厂的共同安全原则提出了要求。INSAG-3 中要求“在核动力厂的生命周期内应根据安全研究的进展以及运行经验的积累，对核动力厂进行全面的安全再评价和验证。”

1991 年 9 月 2 日至 6 日在维也纳举行的国际原子能机构“核动力安全：未来战略”会议讨论了按照早期标准建造的核动力厂的安全问题。大会发表了以下两项声明。

（1）国际原子能机构应该制定可以判断所有按照早期标准建造的运行核动力厂安全水平可接受性的原则。为了确保完整性安全审查，以及为达到可接受的安全水平而采取适当措施，在某些情况下，需要国际合作与支持。

（2）营运单位和监管机构应识别出不符合大多数运行核动力厂高安全水平的核动力厂，并在国际社会的协助下进行改进。

上文提到的欧共体（EC）和经济合作与发展组织（OECD）有关定期安全评价的两份报告的观点和建议也得到了本次会议的认可和采纳。自那时起，原子能机构一直致力于制定指导方针，以协助会员国重新评估运行核动力厂的安全。

1993 年国际原子能机构发布安全系列《核设施安全原则》（SF-1《基本安全原则》的早期版本），该安全原则要求核动力厂在运行过程中，应定期全部或部分地对设施和活动的安全进行再评价，以处理适用标准的变化、科学技术的发展、运行经验反馈、各项改造和老化效应的累积问题，是否继续运行取决于再评价能否向监管机构证明安全措施仍然很充分。

1994 年 6 月 17 日，国际原子能机构在其总部举行的外交会议通过《核安全公约》,《核安全公约》要求缔约国提高核动力厂安全，并作出一切合理可行的改进。在核动力厂的整个寿期内进行全面和系统的安全评价并详细记录，随后根据运行经验和重要的新安全信息进行更新，并在监管机构的授权下进行审查。

1994 年，国际原子能机构发布 50-SG-O12《运行核动力厂的定期安全评价》，第一次为各成员国营运单位、监管机构提供了有关核动力厂定期安全评价的初步指南。安全指南描述了定期安全评价策略、安全要素、职责以及审查程序，旨在对运行核动力厂进行全面的再评价，包括根据当前的标准和实践判断核动力厂是否安全，以及保持核动力厂安全的方法是否适当。安全指南根据 IAEA 成员国经验以及 IAEA 会议《核动力安全：未来策略》反馈，规定了 11 个安全要素，包括核动力厂实际状态、安全分析、设备合格鉴定、老化管理、安全性能、其他核动力厂经验及研究成果的应用、程序、组织机构和行政管理、人因、应急计划、环境影响。安全指南初步明确了定期安全评价流程，包括安全现状评价、中期审查和深入审查。（见图 3-3）

1995 年，国际原子能机构发布安全系列报告 INSAG-8《早期核动力厂安全判断共同依据》作为实用指南，主要目标是建立一个可以判断所有按照早期标准建造的运行核动力厂的可接受安全水平的共同基础，以及明确谁负责开展这种评估、评估应采用哪种总体方法、应该采用什么标准确定需要采取的改进措施。1998 年国际原子能机构发布技术文件 TECDOC-1044《轻水堆核动力厂通用安全问题及解决措施》，这些报告和技术文件为各国实施按照早期标准建造的核动力厂的定期安全评价提供了一个共同的参考依据。

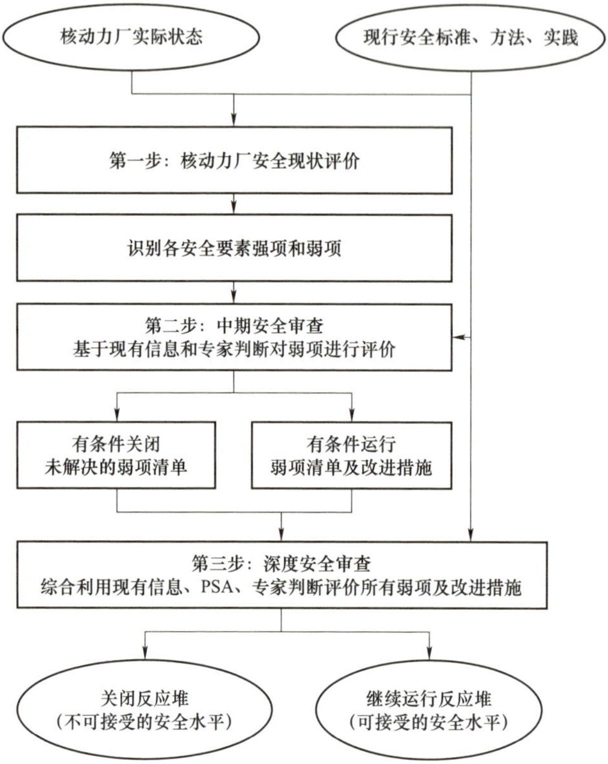

图 3-3　定期安全评价总流程

1999 年，国际原子能机构发布安全系列报告 INSAG-12《核动力厂基本安全原则》对 INSAG-3 进行了升版，重申了“在核动力厂的生命周期内应根据安全研究的进展以及运行经验的积累，对核动力厂进行全面的安全再评价和验证”的要求，并提出适当应用概率安全分析方法的原则。

2000 年，国际原子能机构发布 NS-R-2《核动力厂运行安全》，对 1988 年修订的 50-SG-O《核动力厂运行安全》进行升版，首次明确将定期安全评价写入国际原子能机构安全要求出版物中。NS-R-2 明确要求营运单位在核动力厂的整个运行寿期内都必须按照监管要求对核动力厂进行系统性安全评价，定期安全评价是可行的方法。定期安全评价方法和安全要素必须经监管机构的批准；定期安全评价必须判断现有安全分析报告的有效程度，必须考虑核动力厂的实际状况、运行经验、预计的寿期末状态、现行的分析方法、适用的安全标准和知识水平；定期安全评价应考虑将概率安全分析（PSA）的结果作为确定论分析结果的补充；营运单位必须实施所有必要的纠正行动和任何合理可行的修改，以符合适用的标准。

2003 年，国际原子能机构发布 NS-G-2.10《核动力厂定期安全评价》，对 1994 年发布的 50-SG-O12《运行核动力厂的定期安全评价》进行升版。NS-G-2.10 第一次系统地阐述了定期安全评价的理念、方法、安全要素、审查要点、审查流程、职责等内容，是世界各国定期安全评价活动普遍依据的文件。NS-G-2.10 将安全要素扩展成了 5 大方面 14 个要素（见表 3-2），同时对定期安全评价流程进行了优化，分为项目准备、要素审查、总体评价和改进计划编制等阶段（见图 3-4）。

表 3-2 NS-G-2.10 定期安全评价安全要素清单

方面	安全要素
核动力厂	核动力厂设计
	安全重要构筑物、系统和部件的实际状态
	设备合格鉴定
	老化
安全分析	确定论安全分析
	概率安全分析
	灾害分析

续表

方面	安全要素
性能和经验反馈	安全性能
	其他核动力厂的经验和研究成果的应用
管理	组织机构、管理体系和安全文化
	程序
	人因
	应急预案
环境	对环境的辐射影响

2006年11月，国际原子能机构发布了SF-1《基本安全原则》，阐述了核与辐射安全的基本安全目标和10项安全原则。《基本安全原则》对定期安全评价提出了要求，即在核动力厂运行寿期内应全部或部分地重复对设施和活动的安全评价过程，以便考虑法规标准的变化、科学技术的发展、运行经验反馈、核动力厂修改和老化效应等的影响。

2010年，国际原子能机构发布了SSR-2/2《核动力厂调试和运行安全》，对NS-R-2《核动力厂运行安全》进行了升版，进一步明确要求运行核动力厂必须进行定期安全评价，以处理电厂老化和电厂改造、设备再验证、运行经验、现行标准、技术发展和组织管理问题及选址问题的累积影响。定期安全评价必须确保核动力厂在整个运行寿期内的高水平安全。

2010年，国际原子能机构发布了TECDOC-1643《核动力厂定期安全评价：成员国经验》，对各国定期安全评价的实践进行了总结和分享。

从20世纪90年代到21世纪初，国际原子能机构推动定期安全评价活动在国际范围内达成共识，并逐步形成了《核安全公约》《基本安全原则》《核动力厂调试和运行安全》《核动力厂定期安全评价》自上而下的核安全标准和要求体系，为世界各国监管机构和营运单位定期审查运行核动力厂安全提供了完善的法规标准体系。

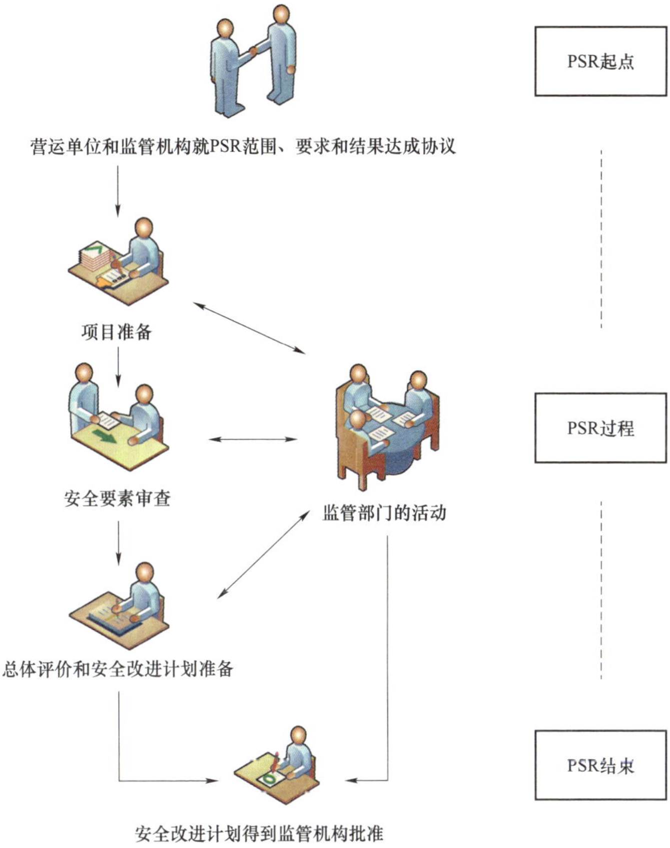

图 3-4 NS-G-2.10 定期安全评价实施流程

3. 体系完善阶段

2011 年，日本福岛核事故使世界的焦点再次回到了核安全问题上，世界各国纷纷开展研究和审查，以进一步提升核安全水平。

2013 年，国际原子能机构发布了 SSG-25《核动力厂定期安全评价》，进一步完善了定期安全评价的具体指南，细化了安全要素的具体审查方法、范围以及输入和输出，对各安全要素的相互关联和制约做了详细阐述，进一步细化了定期安全评价文件的格式和内容，第一次为核动力厂定期安全评价提出了有很强操作的行动指南。

2014 年 2 月国际原子能机构发布安全标准系列 GSR PART 4《设施和活动的安全评价》提出了必须根据监管要求，按预先确定的时间间隔定期审查和更新安全评价的要求。这种审查应考虑以下因素：可能对设施或活动的安全造成重要影响的任何变化；知识和认识方面的重要发展，如研究或运行经验所带来的发展；由于监管关切或重要事件所产生的新的安全问题；对计算机程序进行的具有安全重要意义的修改或安全分析所使用的输入数据的变化。

2015 年 2 月 9 日在维也纳举行的《核安全公约》（公约）缔约方会议通过了《维也纳核安全宣言》。宣言明确了应在现有核设施的整个寿期内进行定期的全面的和系统的安全评价，以便确定实现预防事故和缓解事故后果目标的安全改进，并及时实施合理可行或可实现的安全改进。

2016 年，国际原子能机构发布 SSR-2/2《核动力厂调试和运行安全》（第一版），对 2010 年发布的 SSR-2/2《核动力厂调试和运行安全》进行了升版。这一版重申了定期安全评价的若干原则要求，没有新增内容。

2020 年，国际原子能机构发布 TECDOC-1894《核动力厂安全改进实施经验》，总结了国际原子能机构以及世界各国在不断提升运行核动力厂安全水平方面的经验，并对核动力厂安全改进的触发机制、评价机制和实施机制进行了阐述，同时分享了各国在日本福岛核事故后实施的核安全改进措施，为运行核动力厂定期安全评价提供了良好实践参考。

历史发展证明，安全是一个动态的、连续的过程。定期安全评价为持续提升核安全，实施安全改进提供了一个良好的切实可行的方法和手段。

第三节　安全标准和要求

几十年来，这些核安全监管框架随着国际各种因素的变化而演变，表明了国际对定期安全评价监管方法不断改进的承诺。监管机构的一个关键考虑是确定新的或更新的要求、政策和指南以及如何更好地用于现有核动力厂。本节介绍了 IAEA 有关定期安全评价以及安全改进方面的原则、要求以及指南。这里隐含着两项基本责任：监管机构建立了以核安全为核心的监管框架；营运单位不遗余力地维护和提升核安全。表 3-3 提供了国际和国家定期安全评价方面监管框架的层次结构，包括成员国必须遵守的强制性约束要求，为满足约束要求的方法指导文件，以及详细描述相关主题的信息性或支持性文件。

表 3-3　国家监管框架和与国际文件的关系示意图

国家体系	国际体系	性质
法律法规	国际条约、公约、指令	强制性
部门规章	安全原则和要求	强制性
导则、标准、规范	安全指南	指导性
技术文件	技术报告、安全报告	信息性

1. 国际条约、公约和指令

（1）《核安全公约》

《核安全公约》旨在通过确立各国都赞同的基本安全原则，使拥有陆基民用核动力厂的参与国承诺维持高水平的安全。目标是通过加强国家措施和国际合作在全世界实现和保持高水平的核安全；建立和维持有效的防御措施，防止潜在的放射性危害，以保护个人、社会和环境免受电离辐射的有害影响；防止具有放射性后果的事故，并在事故发生时减轻这种后果。

《核安全公约》要求缔约国提高核动力厂安全，并作出一切合理可行的改进。在核动力厂的整个寿期内进行全面和系统的安全评价并详细记录，随后根据运行经验和重要的新安全信息进行更新，并在监管机构的授权下进行审查。

（2）《维也纳核安全宣言》

2015 年的《维也纳核安全宣言》是一项国际政治协定，根据该协定，《核安全公约》缔约方实现《核安全公约》中预防放射性事故、减轻事故后果的目标应包括以下原则：在现有设施的整个寿期内，应定期对其进行全面系统的安全评价，以确定满足上述目标的安全改进措施，并及时实施合理可行或可实现的安全改进。

2. IAEA 的安全原则和要求

在国际原子能机构主持下建立的国际安全标准包括安全基本原则、安全要求和安全指南——这是一种类似于国家监管框架的等级结构。它们反映了一种国际共识，即什么是保护人类和环境免受电离辐射有害影响的高度安全。原子能机构的安全标准适用于用于和平目的的设施和活动的整个生命周期，并适用于减少现有辐射风险的保护行动。

（1）《基本安全原则》

作为原子能机构安全标准系列的主要出版物，2006 年 11 月出版的《基本安全原则》为政府和监管机构的高层人员传达了安全标准的基础和原理（包括一个基本安全目标，即保护人和环境免受电离辐射的有害影响），为世界各国保护人类和环境免受辐射风险以及保障有关设施和活动的安全提供了基础。《基本安全原则》对定期安全评价提出了要求，即在核动力厂运行寿期内应全部或部分地重复对设施和活动的安全评价过程，以便考虑法规标准的变化、科学技术的发展、运行经验反馈、核动力厂修改和老化效应等的影响。如果对引起辐射危险的设施和活动实施的安全措施在整个寿期内在对设施或活动无不当限制的情况下提供了合理可行的最高安全水平，则可以认为这些措施实现了辐射防护的最优化。

（2）一般安全要求

IAEA 一般安全要求出版物确立了必须满足的要求，以确保现在和未来对人和环境的保护。这些要求受《基本安全原则》的目标和原则所支配，有助于会员国以协调一致的方式利用这些要求建立国家监管框架。适用于定期安全评价的一般安全要求如下。

2016 年 2 月发布的国际原子能机构安全标准系列 GSR PART 1《政府、法律和监管安全框架》要求对安全负有主要责任的营运单位应实施定期安全评价，积极评估科学和技术的进展以及从经验反馈中获得的相关信息，以确定并做出被认为切实可行的安全改进，同时要求监管机构应确保及时实施定期安全评价确定的所有合理可行的安全改进措施。

2016 年 6 月发布的国际原子能机构安全标准系列 GSR PART 2《安全领导与管理》规定了建立、维持和持续改进安全领导与管理以及综合管理体系的要求，其适用范围包括营运单位和监管机构。一个健全的管理系统应具有强大的安全文化，并进行定期评价，总结经验教训。

2014 年 2 月发布的国际原子能机构安全标准系列 GSR PART 4《设施和活动的安全评价》提出了安全评价的要求，特别侧重于纵深防御、定量分析以及根据评估范围应用分级方法。其要求必须根据监管要求，按预先确定的时间间隔定期审查和更新安全评定并考虑以下因素：可能对设施或活动的安全造成重要影响的任何变化；知识和认识方面的重要发展，如研究或运行经验所带来的发展；由于监管关切或重要事件所产生的新的安全问题；对计算机程序进行的具有安全重要意义的修改或安全分析所使用的输入数据的变化。

（3）具体安全要求

本部分中描述的两份具体安全要求出版物提供了核动力厂设计、调试和运行的关键要求。尽管设计要求可能无法完全或系统地应用于现有核动力厂，但设计要求和运行要求是监管机构和营运单位进行现有核动力厂定期安全评价和实施安全改进的重要信息来源。

2016 年 3 月发布的原子能机构安全标准系列 SSR-2/1《核动力厂安全：设计》要求在工程判断、确定性安全分析和概率安全分析的基础上得出设计扩展工况，目的是在没有不可接受的放射性后果的情况下，通过提高核动力厂的能力，承受比设计基准事故更严重或涉及叠加故障的事故，从而进一步提高核动力厂的安全性。

2016 年 2 月出版的原子能机构安全标准系列 SSR-2/2《核动力厂安全：调试和运行》要求定期对核电厂进行安全审查，包括设计方面，以确保核电厂的运行符合批准的设计和安全分析报告，并确定可能的安全改进措施。这种安全审查应在核动力厂的整个寿命期内定期进行，并尽可能频繁地进行（通常不低于十年一次）。安全审查应以适当的方式处理老化、改造、设备合格鉴定、国内和国际运行经验、国家和国际现行法规和标准、技术发展、组织和管理演变以及厂址相关等方面的累积效应，实施任何必要的纠正措施和合理可行的修改，以符合适用的标准，目的是通过进一步降低事故的可能性和潜在后果来提高核动力厂的安全性，以确保核动力厂在整个运行寿期内保持高的安全水平。

（4）安全指南

IAEA 安全指南提供了如何遵守安全要求的建议，表明了国际社会对建议措施的共识。安全指南介绍了国际上的良好做法，并越来越多地反映了最佳做法，以帮助用户努力实现高水平的安全。

国际原子能机构安全标准系列 SSG-25《核动力厂定期安全评价》于 2013 年 4 月发布，为现有核动力厂的定期安全评价活动提供了建议。全面的安全再评价可以及时发现和解决安全问题，并实施安全改进。

原子能机构安全标准系列 SSG-48《核动力厂长期运行与老化管理》于 2018 年 11 月发布，为营运单位提供了实施和改善老化管理以及制订核动力厂长期安全运行计划的建议，包括物理和非物理措施。老化管理是定期安全评价的要素之一，并在定期安全评价中具有重要地位。

原子能机构安全标准系列 SSG-54《核动力厂事故管理方案》于 2019 年出版，提供了事故管理方案的建议，旨在预防和减轻严重事故（堆芯熔化）的后果。国际原子能机构安全标准系列 SSG-2《核动力厂的确定性安全分析》于 2019 年出版，为设计单位、营运单位、监管机构和技术服务人员提供了关于执行适用于核动力厂的确定性安全分析的建议和指导。国际原子能机构安全标准系列 SSG-3《核动力厂一级概率安全评估的开发和应用》以及 SSG-4《核动力厂二级概率安全评估的开发和应用》于 2010 年发布，阐述了核动力厂 1 级和 2 级 PSA 的必要技术特征及其应用，强调了 PSA 的程序步骤和基本要素。使用 PSA 识别设计改进或运行程序修改可以降低严重事故的概率或减轻其后果。

定期安全评价涉及核动力厂安全的所有方面，上述几份安全指南并非与定期安全评价有关的所有安全指南清单。总的来说，IAEA 核动力厂设计、运行、管理等相关安全指南均可为定期安全评价提供良好的标准和实践。

（5）技术文件和出版物

详细的技术文件和出版物为 IAEA 成员国的监管框架提供了广泛的基础。这些技术文件和出版物包括研究报告、经验教训报告、具体技术专题调查以及更多类型的文件，可由国家机构或任何国际组织制作。总的来说，这些报告没有被监管机构明确认可为可接受或首选的方法。然而，它们确实为开展定期安全评价和实施安全改进提供了有用的信息。鉴于主题和范围的多样性，这里仅提供其中少数文件的名称。

① IAEA TECDOC-922《WWER-440/230 核动力厂性能分析》；

② IAEA TECDOC-1044《轻水堆核动力厂通用安全问题及解决措施》；

③ IAEA TECDOC-1554《重水堆核动力厂通用安全问题及解决措施》；

④ IAEA TECDOC-1643《核动力厂定期安全评价：成员国经验》；

⑤ IAEA TECDOC-1894《核动力厂安全改进实施经验》；

⑥ IAEA TECDOC-1902《核能系统可持续评价的 INPRO 方法：核反应堆安全》；

⑦ IAEA Safety Reports Series No.12《早期核动力厂运行安全评价：通用基础》；

⑧ IAEA Safety Reports Series No.82《核动力厂老化管理：国际通用经验》；

⑨ IAEA EBP-WWER-14《WWER-1000 核动力厂安全问题》。

3. SSG–25《核动力厂定期安全评价》

SSG-25《核动力厂定期安全评价》是对 SF-1《基本安全原则》和安全要求 SSR-2/2《核动力厂安全：调试和运行》以及 GSR PART 4《设施和活动的安全评价》的补充，主要是为现有核动力厂的定期安全评价的实施提供建议和指导，可供营运单位、监管机构、技术支持单位等使用。

（1）定期安全评价的目的

定期安全评价的目的主要是通过全面的综合性评价的方式确定。

① 核动力厂布置、构筑物、系统和部件（SSCs）的适当性和有效性得到落实，以确保核动力厂直到下一次定期安全评价或寿期末之前的安全；

② 核动力厂符合现行国家或国际安全标准和实践的程度；

③ 合理可行的安全改进措施及其时间表；

④ 安全文件（包括许可证发放依据，比如最终安全分析报告）保持有效的程度。

同时，定期安全评价还可用于为许可证更新或者长期运行的决策过程提供支持。

（2）定期安全评价的范围

营运单位对确保实施恰当的定期安全评价负有主要责任。营运单位应与监管机构在实施前就定期安全评价范围和目标达成一致，并写入营运单位编制且由监管机构批准的定期安全评价大纲中。鉴于过程的复杂性，根据国际经验选出了 5 个方面的 14 项安全要素（见表 3-4），旨在覆盖核动力厂安全的所有方面。

表 3-4　定期安全评价要素

方面	安全要素	编号
核动力厂	核动力厂设计	SF1
	安全重要构筑物、系统和部件的实际状态	SF2
	设备合格鉴定	SF3
	老化	SF4
安全分析	确定论安全分析	SF5
	概率安全分析	SF6
	灾害分析	SF7
性能和经验反馈	安全性能	SF8
	其他核动力厂的经验和研究成果的应用	SF9
管理	组织机构、管理体系和安全文化	SF10
	程序	SF11
	人因	SF12
	应急预案	SF13
环境	对环境的辐射影响	SF14

鉴于敏感性和保密性的特点，定期安全评价中一般不包括实体保卫的评价。由于辐射防护与大部分安全要素相关，因此不将其作为独立的安全要素，辐射防护一般应作为电厂设计、安全重要 SSCs 的实际状态、安全性能和程序的特定

方面进行审查。营运单位也可将辐射防护作为独立的安全要素进行审查。

在审查过程中（包括准备阶段），各安全要素审查之间不是独立的。一项安全要素的审查结果（或输出）可能是其他安全要素审查的重要输入。表 3-5 提供了不同安全要素潜在的输入和输出关联信息，表 3-6 提供了设计要素输入和输出的举例。

表 3-5　安全要素之间的接口矩阵

		提供输入的安全要素													
		SF1	SF2	SF3	SF4	SF5	SF6	SF7	SF8	SF9	SF10	SF11	SF12	SF13	SF14
接收输入的安全要素	SF1		X	X	X	X	X	X	X	X			X	X	X
	SF2	X		X	X	X			X	X	X				
	SF3	X	X		X	X	X	X	X	X	X			X	
	SF4	X	X	X		X	X	X	X	X	X	X			
	SF5	X	X	X	X		X		X	X		X	X	X	
	SF6	X	X	X	X	X		X	X	X		X	X	X	
	SF7	X	X	X		X	X		X	X		X	X	X	X
	SF8	X	X			X	X	X		X	X	X	X		X
	SF9	X									X	X			X
	SF10		X			X	X		X	X		X	X		X
	SF11	X	X	X	X	X	X	X	X	X	X		X	X	X
	SF12	X	X	X	X	X	X	X	X	X	X	X			
	SF13	X				X	X	X	X	X		X			
	SF14	X	X				X		X	X		X			

表 3-6　设计要素的输入和输出

输入	输出
-标准和要求： 现行的国家或国际的设计和厂址评价相关的要求、规范和标准； 当前的国家和国际的设计和厂址评价相关的良好实践。 -电厂特定文件： 最终安全分析报告的相关章节； 厂址评价； 安全重要 SSCs 及其安全分级的清单； 包括假设始发事件在内的设计大纲（历次版本）； 布置图、系统图、设备图等核动力厂设计的详细描述； 技术规格书； 调试阶段的试验结果； 电厂设计规范书。 -运行经验： 国内外同类电厂的运行经验； 电厂自身的运行经验。 -其他要素输入： 试验、检查、维修和老化裕度审查结果； 设备合格鉴定审查结果； 灾害评价审查结果； 根本原因分析结果； 新的假设始发事件和新的技术解决方案	-与现行安全和设计标准的一致性； -设计中纵深防御的充分性； -安全重要 SSCs 的可靠性要求； -设计基准、核动力厂修改、试验结果的记录； -最终安全分析报告； -推荐的核动力厂修改； -新的运行限值和条件； -在审查结果的基础上，根据现行安全标准和实践对安全裕度进行再评估

（3）定期安全评价过程

定期安全评价过程由平行但独立的营运单位活动和监管机构活动组成（见图 3-5）。营运单位的活动主要包括项目准备、安全要素审查实施（见图 3-6）、总体评价以及安全改进计划的编制。而监管机构的活动则贯穿定期安全评价始终。定期安全评价的起点是营运单位和监管机构就定期安全评价总范围、要求等达成协议的时间，终点是安全改进计划得到监管部门批准的时间。

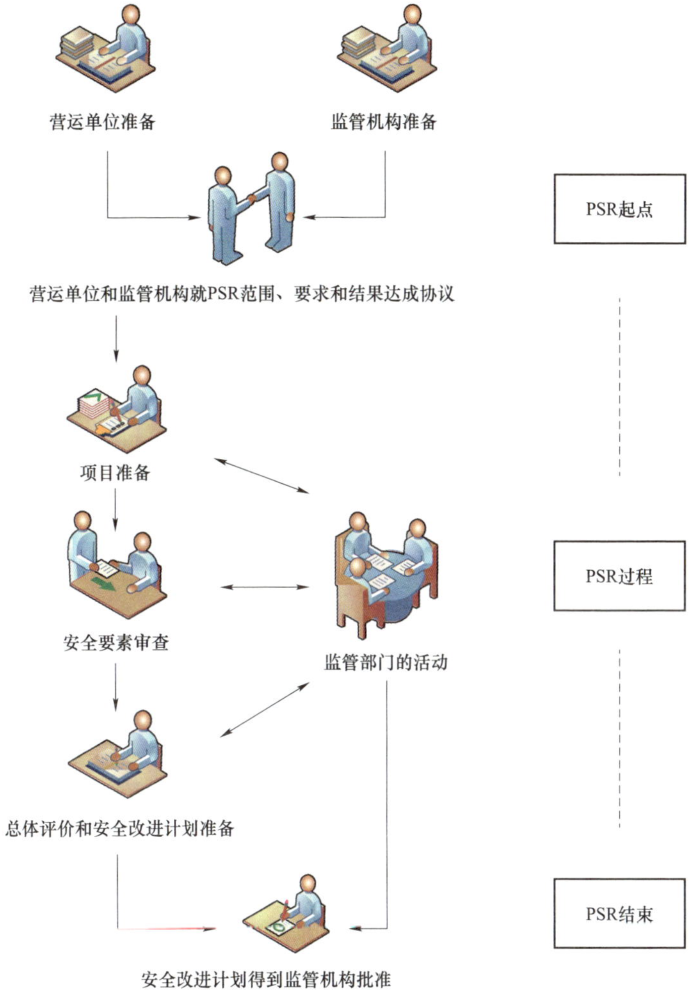

图 3-5　核动力厂定期安全评价总过程

项目准备阶段应建立项目管理组织，制定时间进度表（考虑要素接口）、编制管理程序和质量计划、开展相关培训。质量计划应确保所有审查使用一致的数据输入。项目准备阶段还应就不同要素审查编制指导文件，以保证各要素审查使用全面、一致和系统性的方法。该指导文件应描述定期安全评价总范围，要素现行安全标准、方法和实践。

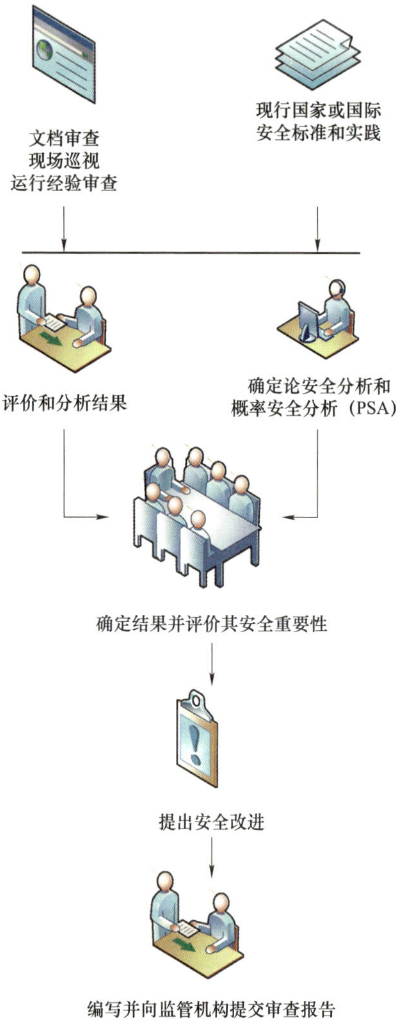

图 3-6　安全要素审查过程

安全要素评价应依据事先确定的目的、范围和任务以及审查方法（见表 3-7），根据现行安全标准和实践对各安全要素进行评价，识别未能达到许可依据、现行安全标准和实践的领域，使用确定论和概率论方法，对识别结果进行安全重要性评价，针对识别的弱项制定安全改进清单。识别的弱项表明当前的实践不能等同于现行法规标准或实践，或不满足现行许可依据、或不符合电厂运行文件或程序。弱项可划分为三种类型：① 不能确定合理可行改进方案的；② 无须实施改进方案的；③ 有必要实施安全改进的。当识别出对工作人员、公众、环境有直接重大风险时，应及时采取改进措施，而不应等到定期安全评价完成。图 3-6 描述了安全要素评价的实施过程。

表 3-7　设计要素目的、范围和方法

领域	内容
目的	-根据现行的许可依据、国内国际安全标准和实践，确定核动力厂设计及其文档的充分性
范围和任务	-审查安全重要 SSCs 清单的完整性和充分性； -审查核实设计和其他特性满足核动力厂所有工况及适当运行期间内的安全和性能要求； -识别核动力厂设计所满足的标准与现行核安全标准的差异； -审查设计基准文档的充分性； -审查与电厂设计规范书的符合性； -审查核动力厂安全分析报告等许可依据的更新； -审查安全重要 SSCs，确保其设计恰当，满足要求； -审查乏燃料贮存，确保满足要求
方法	-通过定期安全评价大纲中列出的安全标准逐句审查的方式实施系统性审查，评价安全标准版本的演变对核动力厂设计的影响。 -考虑按核动力厂系统划分专题，如反应堆冷却剂系统、反应堆堆芯、安全壳系统、仪控系统、电力系统和辅助系统等。 -对所有安全重要 SSCs 进行审查，识别核动力厂设计与现行安全标准和要求的差异，确定差异的安全重要性。 -审查纵深防御在设计中的充分性，包括： 纵深防御各层次独立程度； 预防和缓解等安全功能的充分性； 安全重要 SSCs 的冗余、隔离和多样性； 构筑物设计的纵深防御。 -审查修改对设计的累积效应

单个安全要素审查得出的结果可能表明核动力厂安全是可以接受的，但实际往往并非如此。为了综合所有安全要素的审查结果，应对核动力厂安全进行总体评价，以审查安全要素间的相互作用、重叠和遗漏，对核电厂继续运行的适宜性做出判断。总体评价还应审查纵深防御的充分性。安全改进计划是一个综合的实施计划，应适当考虑核动力厂配置以及各安全改进措施间的相互影响，并基于确定论分析、概率论方法、工程判断、成本效益分析或风险分析等方法确定安全改进措施的安全重要性和优先顺序。安全改进措施一旦合理可行，即应尽早付诸实施。

（4）重要文件

在定期安全评价实施过程中应制定一系列文件，以为不同阶段提供所要求的信息。这些文件包括定期安全评价大纲、安全要素报告、总体评价报告、最终定期安全评价报告（包括安全改进计划）。

定期安全评价大纲应包括概述、安全要素和项目计划三部分。概述部分应描述定期安全评价范围、目标、基准日期、核动力厂许可依据和有关监管要求、安全要素清单即接口、系统性审查方法、弱项分级及处理方法、总体评价方法、安全改进计划编制指南以及预期的文件及文件格式；安全要素部分应描述各安全要素审查的目的和范围、适用的监管要求、国家或国家的安全标准和实践、审查的输入和预期的输出、审查使用的具体方法及其正当性；项目计划部分应描述项目的组织及职责、时间进度表、管理程序、确保各要素审查一致性的程序、培训安排、内部沟通安排，以及与监管机构的沟通安排。

安全要素报告应包括各安全要素审查的结果以及安全重要性分级，并保持各要素审查结果和分级的一致性。典型的安全要素报告结构包括：标题、概述、审查范围、审查准则（参考标准、运行实践、安全评价准则等)、审查方法、与审查准则对比及结果的讨论、弱项及安全重要性分级、提出的安全改进措施及优先级、未来安全的审查、结论、参考文件及附件。

总体评价报告应包括重要的强项和弱项、各要素间及弱项间的接口和遗漏分析、强弱项组合效应的总体分析、安全改进的分类及优先级、纵深防御的评价、总体风险的评价、对继续短期或长期运行的判断。

最终定期安全评价报告应提供对本次定期安全评价的全面评述,包括安全要素报告结果的总结、总体评价报告结果的总结、安全改进计划、对核动力厂未来安全的评价。

第四节　实践与经验

国际原子能机构通过 TSR-PSR 项目对成员国核动力厂的定期安全评价提供支持。TSR-PSR 的主要依据是 IAEA 安全标准丛书 GSR PART 4《设施和活动的安全评价》、SSR-2/2《核动力厂安全：调试和运行》等安全标准和要求，以及 SSG-25《核动力厂定期安全评价安全指南》等的安全指南和技术文件。TSR-PSR 的目的是协助请求方建立和实施符合 IAEA 安全标准和要求的定期安全评价计划，以在核动力厂整个运行寿期内提高安全水平。TSR-PSR 的成果是形成定期安全评价报告，概述定期安全评价的结论，并包括遵守国际原子能机构安全标准和要求的安全改进建议。TSR-PSR 项目至今已在斯洛文尼亚的 Krsko 核动力厂、乌克兰的 Khmelnitskiy 核动力厂和捷克的 Temelin 核动力厂实施。(见表 3-8)

表 3-8　IAEA 已开展的 TSR-PSR 项目

序号	服务对象	国家	时间
1	Krsko 核动力厂	斯洛文尼亚	2001
2	Khmelnitskiy 核动力厂	乌克兰	2008
3	Temelin 核动力厂	捷克	2018

国际原子能机构于 2001 年支持斯洛文尼亚对 Krsko 核动力厂进行定期安全评价活动，Krsko 核电厂第一次定期安全评价主要依据是 50-SG-O12《核动力厂定期安全评价》，于 2005 年完成并由其监管机构批准。定期安全评价对 Krsko 核动力厂的设计和运行进行了很好的审查，并确认该核动力厂与最初的预期一样安全，没有任何构筑物、系统和部件可能会限制未来十年核动力厂的安全运行。这次审查没有发现重大的安全问题，但提供了一些建议以进一步提高安全性。

这次定期安全评价发现的主要安全问题主要包括信息不足、设计缺陷、操作不足、安全文化缺陷等方面。为了实施定期安全评价的结果建议，斯洛文尼亚监管机构批准了一项行动计划。该计划设计的安全问题主要来源于定期安全评价结果建议、美国西屋公司建议、美国核管会（NRC）要求符合性建议以及监管机构特殊要求等。该计划任务分为 13 个方面 124 个行动项。

（1）老化管理大纲问题解决；

（2）应急运行程序（EOP）问题解决；

（3）IPE（独立检查）和 IPEEE（外部事件独立检查）；

（4）行动问题解决；

（5）IAEA 建议措施；

（6）事故分析更新；

（7）标准技术规格书（STS）；

（8）监管要求符合性评价（RCP）；

（9）潜在的维修问题解决；

（10）潜在的环境鉴定问题解决；

（11）潜在的设计问题解决；

（12）潜在的地震设计问题解决；

（13）特定的机械分析问题解决。

Krsko 核动力厂对所有安全问题进行了评估，并根据安全重要度对其进行分级，大多数安全问题在 2008 年年底之前得到了解决。

Krsko 核动力厂在 2002—2004 年进行了新的地震概率风险分析，其中考虑了最新的地质、地震、地球物理以及大地测量研究成果。定期安全评价结果建议，解决所有地震问题的最可行方法是完全更新最初在 1996 年进行的现有地震概率风险分析。更新内容包括新的地震灾害的影响，对可能影响计算的构筑物、系统和部件的地震风险的附加分析。新的地震 PSA 研究认为 1 级和 2 级地震 PSA 达到了 ANS 标准的要求，敏感性分析提出了增加第三台大型 3.5 MW、6.3 kV 柴油发电机，或者安装一台小型便携式柴油发电机的建议。建议的实施将大大降低地震风险，提高核动力厂的安全水平。

Krsko 核动力厂在 2003 年年底更新了与最新法规要求不一致的火灾风险分析（1991 年实施）。更新后的火灾风险分析涵盖了历年有关防火的各项修改和相关信息。更新后的火灾风险分析纳入了 Krsko 核动力厂 PSA 最新模型中。

Krsko 核动力厂开展了放水淹相关研究，例如“确保必要冷却能力研究”“合成洪水波研究”“萨瓦河的高水浪模型研究”“萨瓦河可能的最大洪灾研究”“改善萨瓦河防洪的可能解决方案”。研究结果表明了 Krsko 核动力厂应采取哪些措施确保足够的核安全水平。作为定期安全评价行动计划的一部分，Krsko 核动力厂还将新的水文数据纳入最新的最终安全分析报告中。

国际原子能机构还通过收集各国定期安全评价信息，为监管机构和营运单位提供定期安全评价信息的分享平台。例如，TECDOC-1044《轻水堆核动力厂通用安全问题及解决措施》、TECDOC-1643《核动力厂定期安全评价：成员国经验》和TECDOC-1894《核动力厂安全改进实施经验》等文件所总结的世界各国定期安全评价和安全改进的经验为核动力厂定期安全评价提供了良好的实践参考。

2020年出版的技术文件TECDOC-1894《核动力厂安全改进实施经验》描述了当前世界各国通用的核安全改进的策略、工具和方法，并对主要核电国家实施的核安全改进措施进行了描述。这些安全改进措施主要可分为两大类：用于预防事故的（如保持临界控制、散热和屏障完整性），和用于缓解事故后果的。

用于事故预防的安全改进措施的主要例子如下。

（1）为堆芯和乏燃料冷却以及蒸汽发生器补给提供额外水源，包括使用适当连接的安装设备和非永久性设备；

（2）提供额外的电源，如带有适当连接的移动式发电机；

（3）为最终热阱提供备用能力，如空气冷却措施；

（4）加强自然外部危害应对，包括抗震加固（如储罐和被动流道）和防范洪水事件（如筑堤和筑堤以及加强密封屏障）；

（5）加强人为危害应对（如工业危害、飞机坠毁）；

（6）增加乏燃料水池温度和液位仪表；

（7）增强保护反应堆系统完整性的功能，如改进反应堆冷却剂泵密封以限制断电事件中的冷却剂损失；

（8）提高应急响应和事故管理能力，如通过降压来注水的程序，或利用非现场的移动设备；

（9）识别并降低主要风险因素，如提高设备或系统的可用性和可靠性，考虑停机和过渡风险。

用于缓解事故后果的安全改进措施的主要例子如下。

（1）氢气控制，如非能动氢气复合器或氢气点火器；

（2）通过各种设计方案或对堆芯熔化物滞留概念的改进，对熔化的堆芯材料进行容器内滞留；

（3）增强反应堆系统和安全壳的压力控制能力；

（4）通过专用系统过滤和/或处理放射性物质排放；

（5）监测严重事故状态和缓解措施有效性的合格仪表；

（6）提高应急准备和响应能力，如提高应急控制中心的稳健性，增强通信系统可靠性；

（7）程序和培训的增强，如严重事故管理指南。

参考文献

[1] INTERNATIONAL ATOMIC ENERGY AGENCY. Periodic Safety Review of Operational Nuclear Power Plants: A Safety Guide, Safety Series No.50-SG-O12[S]. Vienna: IAEA, 1994.

[2] INTERNATIONAL ATOMIC ENERGY AGENCY. Periodic Safety Review of Nuclear Power Plants: IAEA Safety Standards Series No.NS-G-2.10[S]. Vienna: IAEA, 2003.

[3] INTERNATIONAL ATOMIC ENERGY AGENCY. Safety Assessment and Verification for Nuclear Power Plants: IAEA Safety Standards Series No.NS-G-1.2[S]. Vienna: IAEA, 2001.

[4] INTERNATIONAL ATOMIC ENERGY AGENCY. Vienna Declaration on Nuclear Safety [R]. Vienna: IAEA, 2015.

[5] INTERNATIONAL ATOMIC ENERGY AGENCY. Convention on Nuclear Safety[R]. Vienna: IAEA, 1994: 56.

[6] INTERNATIONAL ATOMIC ENERGY AGENCY. Safety Assessment for Facilities and Activities: IAEA Safety Standards Series No.GSR Part 4 [S]. Vienna: IAEA, 2016.

[7] INTERNATIONAL ATOMIC ENERGY AGENCY. Safety of

Nuclear Power Plants: Design, IAEA Safety Standards Series No.SSR-2/1[S]. Vienna: IAEA, 2012.

[8] INTERNATIONAL ATOMIC ENERGY AGENCY. Safety of Nuclear Power Plants: Commissioning and Operation: IAEA Safety Standards Series No.SSR-2/2[S]. Vienna: IAEA, 2016.

[9] INTERNATIONAL ATOMIC ENERGY AGENCY. Safety of Nuclear Power Plants: Design, IAEA Safety Standards Series No.NS-R-1[S]. Vienna: IAEA, 2000.

[10] INTERNATIONAL ATOMIC ENERGY AGENCY. Periodic Safety Review for Nuclear Power Plants: IAEA Safety Standards Series No.SSG-25[S]. Vienna: IAEA, 2013.

第四章　法国的定期安全评价

以严谨和挑剔的眼光决策和行动：其目的是行使一种得到公民承认并在国际上被视为良好实践的监督。

——法国核安全局

第一节　核电厂概况

20 世纪 70 年代初，世界石油市场紧张，在 1974 年第一次石油禁运后，法国政府在考虑到本土能源资源匮乏而重工业技术基础雄厚的情况下出台了新的能源政策，决定利用西屋公司的技术迅速扩大国家的核电能力，以保证法国能源安全。

经过多年的持续发展，目前法国共有 58 台核电机组运行（见图 4-1），装机容量 63.2 GW，占总装机容量的一半，为全国提供 75%的清洁电力。目前在法国运行的核电机组均为压水堆（PWR），包括 34 台三环路 900 MW 机组，20 台 1 300 MW 四环路 P4 机组，4 台四环路 1 450 MW 的 N4 机组，这些核电机组分布在 19 个核电厂中，其中有大约 17%是使用核燃料循环回收的铀钚混合氧化核燃料（MOX）。除此之外法国还有一台正在弗拉芒维尔建设中的第三代 EPR（Flamanville 3）机组，EPR 是基于法国 N4 机组和德国 KONVOI 机组技术，由法马通公司（Framatome，后命名为 Areva NP）联合德国西门子公司（Siemens）开发的满足法国标准和美国标准的欧洲先进压水堆堆型，于 2004 年获得设计批准。

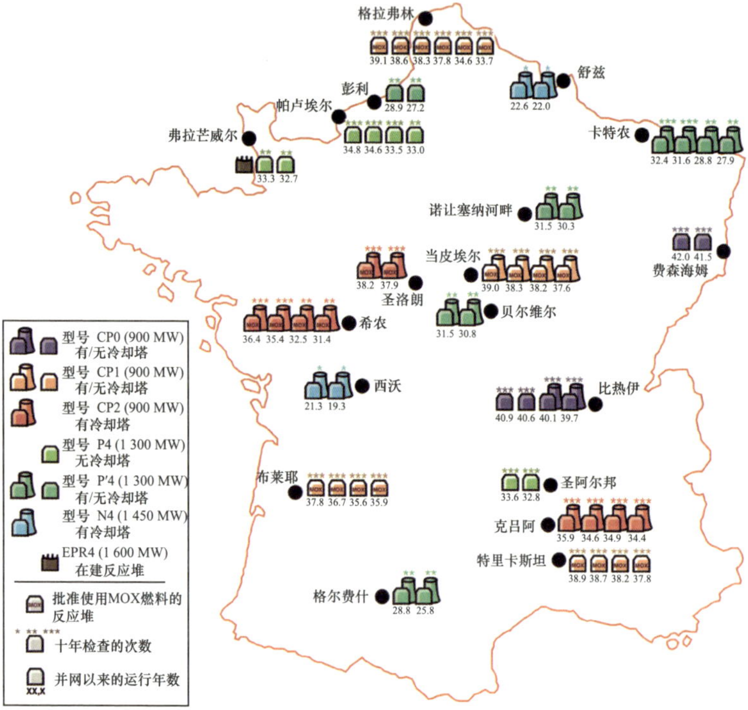

图 4-1　法国核电厂分布情况

当前法国所有的核电厂都由法国电力公司（EDF）一家业主负责运营。法国电力公司（EDF）是全球最大的电力公司，法国政府拥有 85%股权。主要业务包括发电配电、电厂的设计建造、能源交易和运输。EDF 的发电技术包括核电、水电、海洋能、风能、太阳能、生物质能、地热能以及化石燃料电厂。阿海珐（Areva）则是世界上唯一一个拥有完整核燃料循环技术的公司。

它是由法马通（Framatome，1958 年由法国施耐德电气及美国西屋组建，主营反应堆及相关业务）、德国西门子（核电厂业务部分）、法国核燃料总公司高杰马（Cogema）以及原子技术公司（TechnicAtome）在 2001 年合并后成立，法国政府拥有 90% 股权。2016 年，阿海珐拆分为两部分，Areva NP 和 NewCo，这两个公司各有自己的执行委员会，前者主营反应堆设计制造，后者主营核燃料循环。在法国核能政策顾问委员会的协调下，2017 年法国电力公司（EDF）购买了阿海珐的反应堆设计制造部分业务。

核电的成功发展也使得法国从一个需要进口电力的国家发展成为世界上最大的电力出口国，目前电力已成为法国第四大出口商品。在过去十年间，法国电力公司（EDF）每年向周边国家售电约 700 亿度，每年法国从电力出口中获得高达 30 多亿欧元的收益，电力的出口国家包括英国、德国、西班牙、意大利、瑞士和比利时等。同时，法国一直非常积极地发展核技术，如反应堆、核燃料产品以及核技术相关服务也一直是法国一项重要的出口产品。然而，2018 年 11 月，法国新能源计划草案确认，将于 2035 年将法国的核电占比降至 50%。该计划指出，当前运行的 14 座核反应堆将在 2035 年前关闭，其中 4～6 座在 2030 年前关闭。不过该计划还指出，仍然可以选择建造新的核反应堆。2020 年 1 月，法国发布的一份政府咨询文件将布莱耶（Blayais）、比热伊（Bugey）、希农（Chinon）、克吕阿（Cruas）、当皮埃尔（Dampierre）、格拉弗林（Gravelines）和特里卡斯坦（Tricastin）列为法国电力公司（EDF）计划进行关闭的核电厂，以达到法国政府的政策目标。文件同时指出，将在 2023 年决定这些核电厂是否提前关闭，继 2020 年的费森海姆核电厂（Fessenheim）之后，预计下一次关闭核电厂的时间为 2027—2028 年。

现在，法国所有运行核电机组（前两台是源自美国西屋公司的型号）都是由法马通（Framatome，即现在的 AREVA）设计的三种标准类型的压水堆：三环路 900 MW（34 台），四环路 1 300 MW 的 P4 型（20 台），四环路 1 450 MW 的 N4 型（4 台）。法国核电的标准化比世界上其他国家的标准化程度都要高（曾有两座快堆——运行了 30 多年的凤凰堆 Phenix 和曾投入使用但后来因政治原因而关闭的超凤凰堆 Super Phenix）。法国对四环路 1 300 MW 核电机组的设计开发又转回了后来的美国核电厂技术路线，而 1 450 MW 的 N4 型机组的设计则是由其演变而来。加上法国正在建造中的弗拉芒维尔三号（Flamanville 3）机组，当前法国主要的标准类型的压水堆如下。

（1）三环路 900 MW（CP0，CP1，CP2）PWR；

（2）四环路 1 300 MW（P4，P'4）PWR；

（3）四环路 1 450 MW（N4）PWR；

（4）第三代 1 600 MW（EPR）PWR。

法国电力公司（EDF）正在与日本三菱重工（Mitsubishi Heavy Industries）合作开发 ATMEA1 第三代 1 200 MW 压水堆。与此同时法国电力公司（EDF）在与法马通（Framatome）合作开发“新型号”机组，即 EPR Nouveau Modèle 或称为 EPR2，目的是简化施工并降低成本，基本设计工作预计在 2020 年完成。EPR2 的输出功率为 1 650 MW，预计最快可于 2030 年并网发电，法国电力公司（EDF）拟计划在法国建设 40 台用以替换当前在运的 58 台二代机组。

如图 4-2、表 4-1 所示，以反应堆首次临界为基准，截至当前法国运行核电厂中的三种类型反应堆的平均年龄如下。

（1）39 年：34 台 900 MW 反应堆。

（2）33 年：20 台 1 300 MW 反应堆。

（3）23 年：4 台 1 450 MW 反应堆。

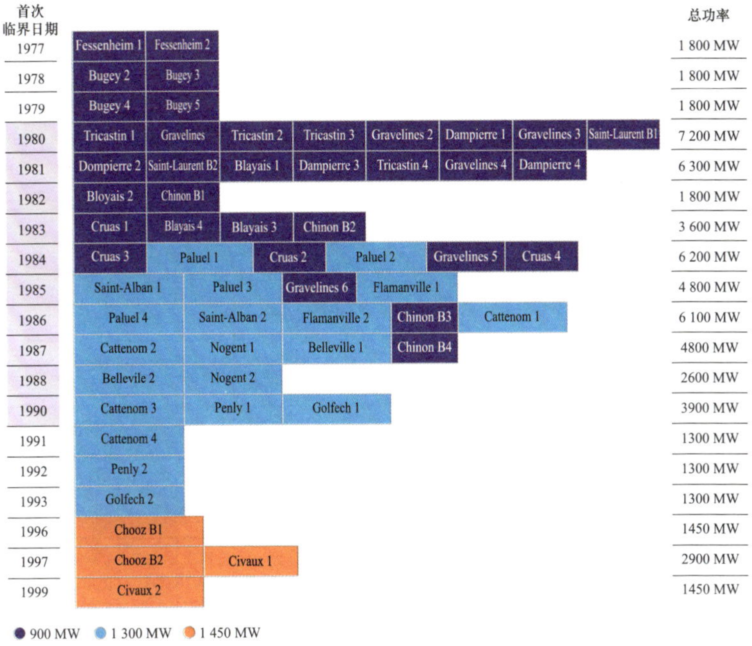

Source: ASN.

图 4-2　法国运行核电厂机组运行年龄金字塔

表 4-1　法国核电厂反应堆现状

反应堆	类型	MW	现状	营运单位	反应堆供货商	建造日期	首次临界日期	首次并网日期	商运日期	关闭日期
贝尔维尔-1	PWR	1 310	运行	EDF	FRAM	1980-05-01	1987-09-09	1987-10-14	1988-06-01	
贝尔维尔-2	PWR	1 310	运行	EDF	FRAM	1980-08-01	1988-05-25	1988-07-06	1989-01-01	
布莱耶-1	PWR	910	运行	EDF	FRAM	1977-01-01	1981-05-20	1981-06-12	1981-12-01	
布莱耶-2	PWR	910	运行	EDF	FRAM	1977-01-01	1982-06-28	1982-07-17	1983-02-01	
布莱耶-3	PWR	910	运行	EDF	FRAM	1978-04-01	1983-07-29	1983-08-17	1983-11-14	

续表

反应堆	类型	MW	现状	营运单位	反应堆供货商	建造日期	首次临界日期	首次并网日期	商运日期	关闭日期
布莱耶-4	PWR	910	运行	EDF	FRAM	1978-04-01	1983-05-01	1983-05-16	1983-10-01	
比热伊-2	PWR	910	运行	EDF	FRAM	1972-11-01	1978-04-20	1978-05-10	1979-03-01	
比热伊-3	PWR	910	运行	EDF	FRAM	1973-09-01	1978-08-31	1978-09-21	1979-03-01	
比热伊-4	PWR	880	运行	EDF	FRAM	1974-06-01	1979-02-17	1979-03-08	1979-07-01	
比热伊-5	PWR	880	运行	EDF	FRAM	1974-07-01	1979-07-15	1979-07-31	1980-01-03	
卡特农-1	PWR	1 300	运行	EDF	FRAM	1979-10-29	1986-10-24	1986-11-13	1987-04-01	
卡特农-2	PWR	1 300	运行	EDF	FRAM	1980-07-28	1987-08-07	1987-09-17	1988-02-01	
卡特农-3	PWR	1 300	运行	EDF	FRAM	1982-06-15	1990-02-16	1990-07-06	1991-02-01	
卡特农-4	PWR	1 300	运行	EDF	FRAM	1983-09-28	1991-05-04	1991-05-27	1992-01-01	
希农_B-1	PWR	905	运行	EDF	FRAM	1977-03-01	1982-10-28	1982-11-30	1984-02-01	
希农_B-2	PWR	905	运行	EDF	FRAM	1977-03-01	1983-09-23	1983-11-29	1984-08-01	
希农_B-3	PWR	905	运行	EDF	FRAM	1980-10-01	1986-09-18	1986-10-20	1987-03-04	
希农_B-4	PWR	905	运行	EDF	FRAM	1981-02-01	1987-10-13	1987-11-14	1988-04-01	
舒兹_B-1	PWR	1 500	运行	EDF	FRAM	1984-01-01	1996-07-25	1996-08-30	2000-05-15	
舒兹_B-2	PWR	1 500	运行	EDF	FRAM	1985-12-31	1997-03-10	1997-04-10	2000-09-29	
西沃-1	PWR	1 495	运行	EDF	FRAM	1988-10-15	1997-11-29	1997-12-24	2002-01-29	

续表

反应堆	类型	MW	现状	营运单位	反应堆供货商	建造日期	首次临界日期	首次并网日期	商运日期	关闭日期
西沃-2	PWR	1 495	运行	EDF	FRAM	1991-04-01	1999-11-27	1999-12-24	2002-04-23	
克吕阿-1	PWR	915	运行	EDF	FRAM	1978-08-01	1983-04-02	1983-04-29	1984-04-02	
克吕阿-2	PWR	915	运行	EDF	FRAM	1978-11-15	1984-08-01	1984-09-06	1985-04-01	
克吕阿-3	PWR	915	运行	EDF	FRAM	1979-04-15	1984-04-09	1984-05-14	1984-09-10	
克吕阿-4	PWR	915	运行	EDF	FRAM	1979-10-01	1984-10-01	1984-10-27	1985-02-11	
当皮埃尔-1	PWR	890	运行	EDF	FRAM	1975-02-01	1980-03-15	1980-03-23	1980-09-10	
当皮埃尔-2	PWR	890	运行	EDF	FRAM	1975-04-01	1980-12-05	1980-12-10	1981-02-16	
当皮埃尔-3	PWR	890	运行	EDF	FRAM	1975-09-01	1981-01-25	1981-01-30	1981-05-27	
当皮埃尔-4	PWR	890	运行	EDF	FRAM	1975-12-01	1981-08-05	1981-08-18	1981-11-20	
费森海姆-1	PWR	880	运行	EDF	FRAM	1971-09-01	1977-03-07	1977-04-06	1978-01-01	
费森海姆-2	PWR	880	运行	EDF	FRAM	1972-02-01	1977-06-27	1977-10-07	1978-04-01	
弗拉芒维尔-1	PWR	1 330	运行	EDF	FRAM	1979-12-01	1985-09-29	1985-12-04	1986-12-01	
弗拉芒维尔-2	PWR	1 330	运行	EDF	FRAM	1980-05-01	1986-06-12	1986-07-18	1987-03-09	
格尔费什-1	PWR	1 310	运行	EDF	FRAM	1982-11-17	1990-04-24	1990-06-07	1991-02-01	
格尔费什-2	PWR	1 310	运行	EDF	FRAM	1984-10-01	1993-05-21	1993-06-18	1994-03-04	
格拉弗林-1	PWR	910	运行	EDF	FRAM	1975-02-01	1980-02-21	1980-03-13	1980-11-25	

续表

反应堆	类型	MW	现状	营运单位	反应堆供货商	建造日期	首次临界日期	首次并网日期	商运日期	关闭日期
格拉弗林-2	PWR	910	运行	EDF	FRAM	1975-03-01	1980-08-02	1980-08-26	1980-12-01	
格拉弗林-3	PWR	910	运行	EDF	FRAM	1975-12-01	1980-11-30	1980-12-12	1981-06-01	
格拉弗林-4	PWR	910	运行	EDF	FRAM	1976-04-01	1981-05-31	1981-06-14	1981-10-01	
格拉弗林-5	PWR	910	运行	EDF	FRAM	1979-10-01	1984-08-05	1984-08-28	1985-01-15	
格拉弗林-6	PWR	910	运行	EDF	FRAM	1979-10-01	1985-07-21	1985-08-01	1985-10-25	
诺让塞纳河畔-1	PWR	1 310	运行	EDF	FRAM	1981-05-26	1987-09-12	1987-10-21	1988-02-24	
诺让塞纳河畔-2	PWR	1 310	运行	EDF	FRAM	1982-01-01	1988-10-04	1988-12-14	1989-05-01	
帕卢埃尔-1	PWR	1 330	运行	EDF	FRAM	1977-08-15	1984-05-13	1984-06-22	1985-12-01	
帕卢埃尔-2	PWR	1 330	运行	EDF	FRAM	1978-01-01	1984-08-11	1984-09-14	1985-12-01	
帕卢埃尔-3	PWR	1 330	运行	EDF	FRAM	1979-02-01	1985-08-07	1985-09-30	1986-02-01	
帕卢埃尔-4	PWR	1 330	运行	EDF	FRAM	1980-02-01	1986-03-29	1986-04-11	1986-06-01	
彭利-1	PWR	1 330	运行	EDF	FRAM	1982-09-01	1990-04-01	1990-05-04	1990-12-01	
彭利-2	PWR	1 330	运行	EDF	FRAM	1984-08-01	1992-01-10	1992-02-04	1992-11-01	
圣阿尔邦-1	PWR	1 335	运行	EDF	FRAM	1979-01-29	1985-08-04	1985-08-30	1986-05-01	
圣阿尔邦-2	PWR	1 335	运行	EDF	FRAM	1979-07-31	1986-06-07	1986-07-03	1987-03-01	
圣洛朗_B-1	PWR	915	运行	EDF	FRAM	1976-05-01	1981-01-04	1981-01-21	1983-08-01	

续表

反应堆	类型	MW	现状	营运单位	反应堆供货商	建造日期	首次临界日期	首次并网日期	商运日期	关闭日期
圣洛朗_B-2	PWR	915	运行	EDF	FRAM	1976-07-01	1981-05-12	1981-06-01	1983-08-01	
特里卡斯坦-1	PWR	915	运行	EDF	FRAM	1974-11-01	1980-02-21	1980-05-31	1980-12-01	
特里卡斯坦-2	PWR	915	运行	EDF	FRAM	1974-12-01	1980-07-22	1980-08-07	1980-12-01	
特里卡斯坦-3	PWR	915	运行	EDF	FRAM	1975-04-01	1980-11-29	1981-02-10	1981-05-11	
特里卡斯坦-4	PWR	915	运行	EDF	FRAM	1975-05-01	1981-05-31	1981-06-12	1981-11-01	
弗拉芒维尔-3	PWR	1 600	建造中	EDF	AREVA	2007-12-03				
比热伊-1	GCR	540	永久关闭	EDF	FRAM	1965-12-01	1972-03-21	1972-04-15	1972-07-01	1994-05-27
希农_A-1	GCR	70	永久关闭	EDF	LEVIVIER	1957-02-01	1962-09-16	1963-06-14	1964-02-01	1973-04-16
希农_A-2	GCR	180	永久关闭	EDF	LEVIVIER	1959-08-01	1964-08-17	1965-02-24	1965-02-24	1985-06-14
希农_A-3	GCR	360	永久关闭	EDF	GTM	1961-03-01	1966-03-01	1966-08-04	1966-08-04	1990-06-15
舒兹-A_（阿德尼斯）	PWR	305	永久关闭	SENA	A/F/W	1962-01-01	1966-10-18	1967-04-03	1967-04-15	1991-10-30
EL-4_（阿雷山）	HWGCR	70	永久关闭	EDF	GAAA	1962-07-01	1966-12-23	1967-07-09	1968-06-01	1985-07-31
G-2_（马尔库尔）	GCR	39	永久关闭	COGEMA	SACM	1955-03-01	1958-07-21	1959-04-22	1959-04-22	1980-02-02
G-3_（马尔库尔）	GCR	40	永久关闭	COGEMA	SACM	1956-03-01	1959-06-11	1960-04-04	1960-04-04	1984-06-20
凤凰堆	FBR	130	运行	CEA/EDF	CNCLNEY	1968-11-01	1973-08-31	1973-12-13	1974-07-14	2010-02-01 23:59:00

续表

反应堆	类型	MW	现状	营运单位	反应堆供货商	建造日期	首次临界日期	首次并网日期	商运日期	关闭日期
圣洛朗_A-1	GCR	390	永久关闭	EDF	FRAM	1963-10-01	1969-01-07	1969-03-14	1969-06-01	1990-04-18
圣洛朗_A-2	GCR	465	永久关闭	EDF	FRAM	1966-01-01	1971-07-04	1971-08-09	1971-11-01	1992-05-27
超凤凰堆	FBR	1 200	永久关闭	EDF	ASPALDO	1976-12-13	1985-09-07	1986-01-14	1986-12-01	1998-12-31

根据法国《环境法典》第 L.593-18 条，许可证持有者必须每十年对其核设施进行一次定期安全评价。定期安全评价提供了一个理想的机会，可以对核电厂进行大规模检查，并根据要求、实践和知识的变化以及经验反馈，对核设施进行改造，以提高其安全性。审查不仅包括对核设施的符合性的核查，也包括对设备老化管理的评估，还包括对核设施安全的重新评估。从上述数据可知，目前法国 58 座反应堆平均已运行 30 年以上，EDF 启动了整体大修和延寿方案（Grand Carénage），预计在 2025 年前完成。当前与三类型号反应堆定期安全评价相关的计划主要是 PSR3 1300 系列、PSR2 N4 系列、PSR4 900 系列和 PSR4 1300 系列，考虑到各反应堆改造的程度，EDF 决定分两个不同的阶段（在 10 年一次的停堆期间和大修期间）进行相关工作部署。

第二节　法规体系

法国对核能的利用主要是核电，在核电技术领域也一直处于世界领先的位置。2020 年之前，法国的核电发电量和核电厂数量均位居世界第二，仅次于美国，由于法国核能发展的历史积累，使得法国拥有着比较完备的核安全管理体系和核电安全监管框架。

1. 法国的核电监管体系

法国与核电和核安全相关的许多法律、法规主要是随着国家核工业不断发展的过程中适时制定并完善的，目前在法国已经形成了较为完整的核能法规体系。其核安全法律、法规体系的核心是 2006 年颁布实施的《核透明与安全法》，是法国核安全领域的一部综合性、基础性的法律。除此之外，还包括涉及辐射防护、核设施监督、放射性材料管理、放射性医疗、核辐照加工、核贸易出口、第三方核责任、核废物管理、核矿产资源开采、核事故应急等方方面面的法律、法规文件。

法国主要相关的核安全法律法规如下。

（1）《反污染法》（1961 年）；

（2）《重要核设施法令》（1963 年）；

（3）《核材料保护与控制法》（1980 年）；

（4）《核废物管理研究法》（1991 年）；

（5）《全面保护人体免受电离辐射法令》（2002 年）；

（6）《可持续管理放射性材料与废物规划法》（2006 年）等。

法国的核安全相关法律、法规，在适应本国庞大的核工业体系核与辐射安全监管需要的同时，还同国际实践和跨国核电运营接轨。法国还加入了一系列的核国际公约，如《核安全公约》《乏燃料管理安全和放射性废物管理安全联合公约》《核材料实物保护公约》《核损害民事责任维也纳公约》《核能领域第三方责任公约》《核事故或辐射紧急情况援助公约》和《及早通报核事故公约》等。

此外，在《环境法典》《公共卫生法典》《劳动法典》和《防卫法典》中也涉及有核设施的安全监督管理、电离辐射防护、职业保护、核透明、放射性废物管理、核安保等相关内容的规定。这些也是法国核安全法规体系的重要组成部分。

法国《核透明与安全法》（2006 年）确立了法国核电安全监管的基本框架。目前法国的核电安全监管涉及的机构主要有国会、政府和国家核安全局（ASN）。法国国会在核电监管方面的主要职能是核能及核安全立法。法国政府主要是从宏观层面对核能与核安全相关工作进行监管，比如：核应急准备工作；制定与核安全与辐射防护相关的通用性技术规章；根据《核透明与安全法》（2006 年）的授权做出与基础核设施相关的主要决定；与国家核安全局协商起草核安保方面的法令和规章制度等。在法国具体的核安全监管事项主要是由国家核安全局来负责。

法国的国家核安全局（ASN）是根据《核透明与安全法》于 2006 年在核安全与辐射防护总委员会的基础上设立的。国家核安全局（ASN）是独立于政府各部门的行政机构，其代表国家专门负责法国核与辐射安全的监管工作，以保护工作人员、公众和环境免受核能、核技术利用活动所带来的危害，并向全体公民提供相关信息。法国核安全局（ASN）的主要职责包括制定规章、行政许可（授权）、实施监督、参与应急、调查事故、提供信息以及研究跟踪。其直接对法国议会负责，由总统和议会独立任命的 5 人委员会领导，每个委员任期 6 年，不能连任。为了保障核安全监管机构的有效运行，法国给予了国家核安全局（ASN）在财政、人力资源等方面的充分保障，并成立了辐射防护与核安全研究院（IRSN），作为国家核安全局（ASN）的技术支持单位，为核与辐射安全提供了强有力的技术后援和咨询。

法国在核电安全监管方面采取了从核设施选址、设计、制造、建造、调试运行直至退役的全流程系列化和标准化的监督管理。通过核安全许可证制度来实施对核设施、核材料和辐射安全的有效监管。根据其法律规定，法国国家核安全局（ASN）并不向营运单位颁发有效期限等于设计寿期的核电运行许可证，而是要求核电厂的营运单位每 10 年对核电厂进行一次全面的安全检查。对核电厂进行法规符合性审查以确保核电机组能够满足所有安全条例的要求并实施安全保障相关审查。与此同时，法国国家核安全局（ASN）在核设施相对集中的地区都设置有地方监督站，并在核设施的现场派遣核安全监督员，以及时掌握核设施的运行情况，对核电厂实施有效的核安全监管。法国核安全局（ASN）共有 11 个派出机构，分 11 个区对本国核设施安全实施监督，每个核电厂都派有驻场监督员。

此外，法国核安全局（ASN）的一项重要职责就是核安全信息公开。核安全局负责向公众发布信息，包括随时向公众通报核设施的监管情况以及紧急情况下的信息发布。通过核安全监管当局的信息公开来对公众做好核与辐射安全的增信释疑，在此基础上，法国核安全局（ASN）每年还会对广大公众、核设施厂址所在地居民和知情人士进行一项关于法国核安全及其对核能的立场的民意调查。除了法国国家核安全局（ASN）的信息公开外，法国政府还要求法国唯一的核电运营商——法国电力公司（EDF）定期面向公众进行核电和核安全的广泛宣传。通过有效的核安全公众宣传，以及核能发展与核安全管理决策的公众介入机制和法律保障，为法国核电的顺利发展提供良好的社会环境。

2. 定期安全评价相关法规

法国未预先对核设施设定运行寿期的时间限制。按照《环境法典》，营运单位对其核设施安全负责，是其核设施安全的第一责任人（《环境法典》第 L.593-6 条规定）。如果出现严重的或者突发的灾害时，法国国家核安全局（ASN）将随时叫停核设施的运行（《环境法典》第 L.593-22 条规定）。同时，规定要求对核设施每 10 年进行一次定期安全评价，以确定今后 10 年的运行条件（《环境法典》第 L.593-18 条）。《环境法典》规定，法国国家核安全局（ASN）在审查了营运单位编写的 PSR 报告后，向法国政府提交关于核设施安全状况及其能否继续运行的结论。

由于法国的核电机组是按照系列化、标准化进行的设计和建造，故在法国核电厂的定期安全评价（PSR）执行时的对象往往是基于某个系列堆型的所有机组，这与其他国家针对具体核电厂的 PSR 实践有所不同。相对而言，法国核电厂 PSR 更为系统、全面和完整，因此审查的时间也相对较长。对于核电厂而言，在法国定期安全评价（PSR）是一个持续数年的两个阶段的过程（通用阶段审查+反应堆特有的审查），实践上法国的核电厂定期安全评价（PSR）过程与核电厂十年一度的停堆大修（VD，每 10 年一次的长大修）联系在一起。每十年一次的定期安全评价有两个目标。首先，安全评估旨在检查核电厂特定许可证依据的维持情况。其次，安全升级的目的是根据经验和知识的改进来提高安全性，并使反应堆符合新的安全标准。

（1）法国核能监管框架：第 L.593-18 和 L.593.19 条（《环境法典》）

法国的法规没有对核设施的运行期限施加时间限制，而是根据法国《环境法典》第 L.593-18 条的规定，要求每十年对核设施进行一次定期审查，对老化管理进行控制。

“L.593-18 基础核设施的许可证持有者定期对核设施进行检查。在考虑到国际上良好实践的安全标准的情况下，对其设施进行安全审查。这种定期审查必须使人们能够根据适用于该设施的规则了解该设施的情况，并且确保该设施根据 L.593-1 所述利益（即安全、保安、环境、辐射防护、应急准备）风险或不利情况的评估予以更新，特别要考虑到该设施的状态、从运行中获得的经验、知识的发展和适用于类似设施的规则。每十年进行一次安全审查，许可法令可以根据设施的特殊性来规定不同的审查周期。L.593.19 许可证持有者向核安全局和负责核安全的部长提交报告，其中包括此次审查的结论，并在适用的情况下，说明其打算采取哪些规定来纠正观察到的异常情况或改善其设施的安全。在分析报告后，核安全局可以实施新的技术规定，并向负责核安全的部长们发送关于审查报告的分析报告。”

《环境法典》第 L.593-18 条

核设施的运营者应参照国际最佳实践，定期对其核设施执行安全审查。

该项审查必须能够根据适用于该核设施的规则对设施的状况进行评估，并就该核设施给第 L.593-1 条所述利益带来的风险或不利情况的评估予以更新，同时要考虑该核设施的状态、运行期间获得的经验、知识的发展和适用于类似核设施的规则。

这些安全审查每十年进行一次。但是，如果核设施有特殊性要求，许可法令可以规定不同的审查周期。对于属于 2009 年 6 月 25 日“关于建立欧洲共同体核设施核安全框架的第 2009/71/Euratom 号理事会指令”范围的核设施，定期安全评价的频率应不少于每 10 年一次。营运单位可酌情以单独报告的形式提供其认为可能损害第 L.124-4 条所述的任何利益的内容。根据这项要求，按照第 L.125-10 和 L.125-11 节所述任何人均可获得定期审查报告。因此，该机制符合 2014 年 7 月 8 日理事会第 2014/87/EURATOM 号指令第 8c（初步评估和定期安全评价）条的要求，该指令对第 2009/71/Euratom 号指令进行了修订，建立了欧洲原子能共同体核设施核安全框架。

欧洲共同体的成员国应确保其国家法律框架满足以下要求。

① 颁发核设施建造或营运许可证应以适当地针对具体厂址和具体设施的评估为基础，包括根据第 8a 条规定的目标，按照国家核安全的要求证明核安全；

② 在主管、监管机构的监管下，许可证持有者应至少每 10 年系统地、定期地按照第 6c 条规定的方式重新评估核设施的安全。这种对安全的重新评估应旨在确保符合现有的设计依据，并应参照第 8a 条规定的目标，考虑到老化问题、运行经验、最新的研究成果和国际标准的演变，确定进一步的安全改进措施。

《环境法典》第 L.593-19 条对与定期安全评价有关的程序进行了解释。

《环境法典》L.593-19 条

营运单位应向国家核安全局和负责核安全的部长提交一份报告，其中载有第 L.593-18 条规定的检查结论，并酌情说明计划采取的措施，以纠正所发现的异常情况，或改善对第 L.593-1 条所述利益的保护。

国家核安全局在分析报告后，可提出新的技术要求，并向负责核安全的部长通报对报告的分析和所提出的建议。

营运单位在核电厂反应堆运行三十五年后的安全再审查中提出的规定，经公开调查后，必须遵守第 L.593-15 条所述国家核安全局的授权程序，但不影响第 L.593-14 条第二款所述‘如有重大修改’时的授权。

核安全局的要求应包括对保护第 L.593-1 条所述利益具有重要意义的设备的维修情况的长期定期监测的规定。在提交审查报告五年后，营运单位应提交一份关于该核设施状态的临时报告，核安全局可根据该报告补充其相关要求。

定期安全评价提供了一个深入检查核设施状况的机会，以确保其符合适用的安全标准，还旨在提高核设施的安全水平。

根据第 L.593-18 条，安全审查必须考虑到国际上的良好实践、核设施状态、运行期间获得的经验以及适用于类似设施的知识和规则的演变。因此，必须考虑适用于老化管理的规则的演变。

适用于审查中的核设施的要求与适用于最新设计的核设施

的要求进行了比较，特别是动力反应堆的要求，如与 EPR 的要求进行比较，可知后者的要求要高得多。

这些要求还必须根据法国和国外的反馈意见、研究与开发情况进行重新评估，这些反馈意见以及研究与开发指出了需要改进的领域，尤其是在严重事故的预防和管理方面。这一立场符合上述第 2014/87/Euratom 指令第 8c 条的要求，并与 2014 年西欧核监管机构协会（WENRA 协会）就新建核电厂安全问题所表达的立场一致，其目标是作为现有反应堆的参考。

（2）西欧核监管机构协会监管要求

WENRA 反应堆安全参考水平（WENRA RLs）P1.3 指出，PSR 应"识别和评估偏离适用的现行安全标准和国际公认的现有良好实践的安全意义"。

WENRA 在 2010 年 11 月发布的关于新核电厂安全目标的声明中指出，这些目标也应作为在定期安全评价中为现有核电厂确定合理可行的安全改进措施的参考。在这些安全目标的基础上，WENRA 决定就新核电厂设计的一些关键安全问题制定共同立场，表示汇编这些共同立场的报告也可用作 PSR 更详细的参考。WENRA 要求在 PSR 中使用对新核电厂的要求，关键在于对"现行安全标准"（即从最初的设计基准，到设计扩展，再到达到 WENRA 对新核电厂的安全目标）的理解上的统一。因此，对现有反应堆实施所有的 WENRA 反应堆安全参考水平（RLs），对 PSR 过程中标准的实际应用有积极的影响。反应堆安全参考水平（RLs）包括例如设计扩展和严重事故管理的概念，随着 WENRA 成员国监管要求的不断统一，最迟将在下一次 PSR 中执行该项评估。目前，法国已经在 PSR 实践中纳入了新一代反应堆（如 EPR）的相关要求。

WENRA 报告——新建核电厂设计的安全性

安全目标针对新建民用核电厂项目。然而，这些目标也应当作为参考，以帮助在定期安全评价期间为“延寿的核电厂”和现有核电厂确定合理可行的安全改进措施。

隶属于 WENRA 的安全主管部门在 2014 年的联合声明中承诺，考虑到福岛第一核电厂事故的教训，2014 年发布的现有反应堆的新参考水平将被纳入国家法规。定期安全评价包括对反应堆和老化管理的符合性审查以及对安全进行重新评估。

第三节　发展历史

在法国核工业界将定期安全评价视作对核设施状况进行详细、深入审查的机会，以检查核设施是否符合适用的基准安全要求。其目的也是提高其安全水平。因此，会将适用于现有核设施的要求与最新安装的设施所要达到的要求进行比较，并由许可证持有者提出可合理实施的改进措施。这些审查的结论会提交给 ASN，ASN 可能会提出新的要求，以强化安全要求。

必要时，根据有关核设施的情况，在咨询 IRSN 和咨询委员会（GPE）后，ASN 在核设施定期安全评价阶段，就安全再评估的选题清单作出规定。在执行这些重新评估之后，确定改进安全的一批修改措施。然后，ASN 发布关于这些修改清单的决定。对于反应堆来说，其将在反应堆十年一次的停运期间进行部署。对于其中的一些反应堆，ASN 在其决议中明确了部署的时限。

在法国，通过定期安全评价或特定主题审查对反应堆进行安全审查，在某些情况下会导致对反应堆实施改造。在大多数情况下，这些改造是分批进行的，每批改造都是在有关核电厂系列（同类堆型）的所有反应堆上进行的，其中一个被称为“首堆”的初始反应堆起着原型的作用。这种分批改造的方式，通过便捷的计划调度、文件更新和操纵员培训，可以提高同类堆型核电厂的一致性和工业化程度。这些批次改造一般在十年一次的停堆大修（VD）期间实施，以尽量减少改造工作对反应堆可用性的影响。

对于给定的核电厂机组，定期安全评价包括以下两部分。

（1）验证核设施是否符合适用的基准要求；

（2）对核电厂机组的安全性重新进行评估。

EDF 核电反应堆的定期审查

十年一次的停堆大修是停堆时间较长的停堆大修，是实施定期安全评价提出的修改改造的最佳时机。在确定反应堆十年期停堆大修的时间表时，EDF 考虑了核压力设备法规规定的安全壳试验和水压试验的最后期限，以及十年期定期审查的周期。

EDF 反应堆的审查过程包括定期安全评价的初步阶段，即所谓的指导阶段，EDF 在这一阶段提出通用方案，以核查核设施的状态和重新评估安全，并进行深入审查。这些通用方案是国家核安全局（ASN）在咨询审查委员会（GPR）以及可能与核压力设备常设专家咨询小组（GPESPN）协商后发表的立场声明的主题。在此基础上，EDF 进行安全再评估研究并确定修改意见。在与 GPR/GPESPN 进行调查和协商之后，ASN 就这些研究的结果和允许改进安全的修改项提出意见。

在每个反应堆的 10 年审查结束时，营运单位（许可证持有者）应向 ASN 提交定期安全评价结论的报告。在这份报告中，营运单位对其核设施的法规符合性以及为纠正所发现的偏差或提高核设施的安全性而进行的修改表明了立场。ASN 向负责核安全的部长通报其对《环境法典》第 L.593-19 条提及的每个反应堆审查结论报告的分析，并可发布关于反应堆继续运行的新要求。

图 4-3 说明了法国与十年停堆大修相关的定期安全评价流程：

2013—2015 年，主要 PSR 项目涉及 900 MW 反应堆（实施 VD3 和筹备 VD4）、1 300 MW 反应堆（实施 VD2、筹备和实施第一个 VD3）和 4 个 N4 型反应堆（筹备 VD2）。

截至2017年年底，已对30台900 MW反应堆（共34台机组）进行了VD3。已对20台1 300 MW反应堆进行了VD2；且1 300 MW反应堆（20台中的4台）的VD3已经开始。对所有N4反应堆进行了VD1。（见表4–2）

2009年，EDF告知ASN，打算将其核电机组的运行寿期延长到40年以上，并保留所有反应堆60年运行寿期的选项。EDF已向ASN发送了为此目的提出的通用方案，包括拟议的方法、所追求的主要安全目标和需要解决的问题。该方案将在与900和1 300 MW反应堆的VD4相关的定期安全评价期间实施。

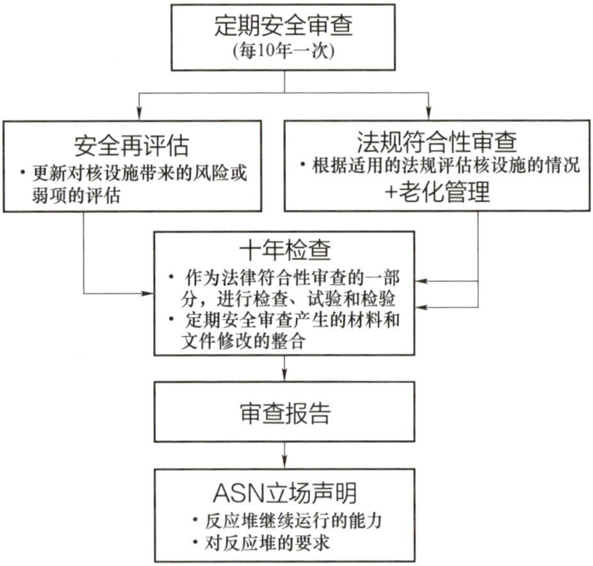

图 4-3　EDF核反应堆的定期安全评价流程

EDF对难以到达的管道实施老化管理大纲的经验，从900 MW机组的PSR开始，对于EDF的19个厂址，逐个厂址制定了埋地管道的检查方案。它们适用于将进入VD4的第一批厂址（Tricastin、Bugey、Fessenheim）。正在特里卡斯坦（Tricastin）、费森海姆（Fessenheim）和比热伊（Bugey）厂址实施检查，目的是确定一个通用的检查方案，并能够在 VD4 中就在役管道的维修或是否需要翻新埋设的管道作出结论。

表 4-2　法国核电厂的定期安全评价情况

	PSR1 10 年	PSR2 20 年	PSR3 30 年	PSR4 40 年
900 MW 3 环路 （34 台）	已完成	已完成	2009—2020	2019—2030
1 300 MW 4 环路 （20 台）	已完成	已完成	2015—2024	2025—2034
1 450 MW 4 环路 （4 台）	已完成	2019—2022	2029—2032	2039—2042

1. 法国早期 PSR 经验

法国的第一座核电厂于 1971 年开始运行，早期法国允许核设施运行的建造许可证不设时间限制。早期规定，核设施安全局（DSIN，后改组为 ASN）有权在任何时候以安全为由关闭核电厂。且法国早期核设施的许可证中没有明确要求执行 PSR，但 1963 年 12 月 11 日关于核设施的法令（1990 年 1 月补充）第 5. Ⅱ条规定："负责工业和预防重大技术风险的部长可在任何时候联合要求营运单位进行核安全审查"，这足以支持 DSIN 提出的 PSR 要求。因此，在法国早期的核电安全实践中，营运单位与 DSIN 合作，在没有使用法律文书的情况下制定 PSR。

最初是通过不同类型的安全评价来保证核电厂的安全性。

（1）持续的，每两年对运行反馈进行跟踪，并进行一次总体评价。

（2）定期的，并对每次换料大修进行评价。

（3）特异性问题，研究发生的通用问题。

（4）10 年停堆检查。

这种持续的评估和安全改进得到了约每 10 年进行一次的 PSR 的有利补充。除其他属性外，PSR 可以让人知晓每个核电厂的真实安全状况，并提供自上一次 PSR 以来运行的完整情况。

法国已完成的第一份 PSR 是针对希农核电厂气冷反应堆 Chinon A2 的，并于 1978 年向监管机构提交了报告。随后的修改工作于 1984 年基本完成。其后，又完成了另外四座气冷堆核电站、历史最悠久的 PWR 核电厂舒兹 A 和快中子增殖堆核电站 Phénix 的 PSR。希农 A3 和比热伊核电厂 1 号机组分别在完成首次 PSR 后 5 年和 4 年进行了第二次 PSR。舒兹 A 和三座气冷堆核电厂后来因经济原因被迫关闭。

1989 年开始对费森海姆和比热伊核电厂（Fessenheim，Bugey）的 6 个类似的 PWR 进行 PSR，并于 1993 年向 DSIN 报告。这项 PSR 已基本完成，几项电厂和程序的修改已经在进行中。其他 28 个 900 MW 核电厂的第二次“集体”PSR 正在计划中。这类“集体”PSR 不仅反映了每个核电厂的原始设计特性，而且还反映了 EDF 的政策，即所有核电厂在整个运行期内都保持其特性。这些 PSR 只考虑一个设计、一套修改和一套运行规则，当然，每个核电厂的运行经验会被单独和集体审查。“集体”PSR 的使用和成功以及设计标准化意味着将来可能只需要进行“三次”PSR，即每 10 年对“费森海姆和比热伊核电厂”执行一次、其他 28 个 900 MW 功率的 PWR 执行一次、1 300 MW 功率的 PWR 执行一次。然而，核电厂的具体问题，特别是与厂址有关的问题，会作为 10 年大修检查报告的一部分进行个别审查。在这种情况下，实现了对运行情况的全面审查。

由于上述 PSR 的原因，法国早期的 PSR 审查确定了四个目标。

（1）定期确保正确运用经验反馈程序。因此，需要提交一份关于过去和未来修改情况的报告。

（2）根据检查和评价的结果，建立一个完整的运行“平衡表”。特别是检查在设计阶段达到的安全水平是否降低。

（3）确定核电厂的设计与最近获得许可核电厂设想的安全方案之间的重大差异，后者的设计考虑到了安全要求的变化。这种分析应表明为了弥补这些差异而采取措施的安全效益，并确定这些措施的执行情况。

（4）确定适用于核电厂的最新安全研究结果可能产生的影响。

核电厂之间的 PSR 范围各不相同，就早期的费森海姆和比热伊核电厂而言，主要包括以下方面。

（1）电厂组织机构、员工的经验和培训；

（2）定期在役检查和试验的大纲；

（3）主要系统的材料状况和未来趋势；

（4）主要部件的状态和维修问题；

（5）事故研究，包括“超出设计基准”的事故和所有可能的危险，特别是火灾、地震、飞机坠毁和极端温度；

（6）检查 FSAR 和通用运行规则（GOR）的更新情况；

（7）经验反馈过程。

需要特别注意不同的技术主题的区别，譬如“费森海姆和比热伊核电厂”机组与 CP1 和 CP2 核电厂的区别。当时对横向主题也有研究（通用原则），特别关注了法规要求的分析和安全保卫系统的总体试验。由于当时另作安排，900 MW 核电厂的一些具体的通用问题没有进行审查。地震研究被证明是复杂和昂贵的，导致需要对核电厂进行改造。PSA 是独立于 PSR 进行的，在判断在新的安全要求框架内认为有必要进行的改造的真正重要性方面尤其有用。老化降级不是一个单独的主题，但显然在相关的主题章节中有所涉及，此外，DSIN 还要求 EDF 识别出执行

PSR 后 10 年内的任何关键部件，并建立一个系统，以便在发生重大降级时设置“警报信号”。EDF 于 1986 年开始了一项单独的主要研究，称为法国寿期项目。该项目考虑了老化劣化问题，并评估了每个核电厂的潜在寿期和改进方法。首先研究了 900 MW 核电厂的 18 个重要部件，结果表明其安全工作寿期至少为 40 年。该项目后续的目标是对一个核电厂进行研究，以证明其寿命至少为 60 年。

法国核电厂早期 PSR 的实践中对各个核电厂进行了一系列的修改，譬如舒兹 A 核电厂的第一次 PSR 进行的主要修改如下。

（1）改变安注和安全壳喷淋系统的配置；

（2）安装一个新的 SG 辅助给水系统；

（3）安装额外的事故后应急设备；

（4）新的应急停堆盘。

早期费森海姆和比热伊核电厂的改造包括更换再循环地坑滤网、增加一倍安全壳换气扇（仅费森海姆核电厂）和改进防火措施。详细来说，过去的法国核电厂 PSR 的所有修改都是针对具体单个核电厂的，与其他核电厂无关。当时为“费森海姆和比热伊核电厂”制定 PSR 的过程涉及四个组织，即 EDF、IPSN、常设小组和 DSIN。1988 年，所有组织都参加了讨论，以确定审查要求。随后 EDF 编写了一份初步的中期报告，IPSN 代表 DSIN 对报告进行了评估，常设小组对评估结果进行了评估，并将评估意见送交 DSIN，该过程历时约 6 个月。EDF 发布了第二份中期报告和最终报告，每份报告都经过了与初步报告相同的程序。从最初的讨论到 DSIN 接受最终报告，大约用了 5 年时间（1988—1992 年）。当时 PSR 的安排使 DSIN 或 IPSN 无法确定其费用和资源需求。

法国监管当局对核电厂 PSR 的宣传力度一直保持与其他重要安全事件的宣传力度相同。譬如，DSIN 也曾与地方监测委员会和各专家机构讨论过“费森海姆和比热伊核电厂”的 PSR。

总而言之，在法国的早期 PSR 实践中，认为 PSR 应允许对核电厂安全水平作出新的判断，判断其是否保持原有的安全水平、与最新法规和标准之间存在的差异，以及需要采取的补救措施和预期可获得的效益。还有助于对潜在的问题进行适当的预测。同时，认为尽管 PSR 的调查结果和解决方法可能会导致核电厂长时间的停运，但 PSR 不应先入为主地对继续运行提出质疑。PSR 是现行监管安排之外的额外安排，法国监管当局无意将 10 年停堆大修检查、FSAR 升版等内容作为 PSR 的一部分。因此，举例来说，虽然费森海姆/比热伊核电厂的 PSR 是在十年一度的停堆大修检查时实施的，这提供了实际的优势，但这两项工作保持了相对分开（即大修和 PSR 各自实施）。

2. 900 MW 反应堆的定期安全评价

（1）900 MW 反应堆第三次定期安全评价（PSR3）

EDF 的 34 座 900 MW 反应堆于 1977—1987 年投入使用，在 2009 年，ASN 发布了关于 900 MW 反应堆 30 年后继续运行的通用性意见。该意见由各个反应堆的决议补充，这些决议规定了下一次定期安全评价之前继续运行的条件。

2018 年，格拉弗林核电厂的 6 号机组反应堆和克吕阿核电厂的 2 号机组反应堆纳入了第三次定期安全评价所带来的改进，使经过第三次定期安全评价的 900 MW 反应堆的数量在总共 34 个反应堆中达到 32 个。

（2）900 MW 反应堆的第四次定期安全评价（PSR4）

EDF 的 34 座 900 MW 反应堆中的第一座反应堆即将接受第四次定期安全评价。在此背景下，这些反应堆继续运行的条件将得到确定。

在这次定期安全评价中，ASN 为 EDF 设定的目标是采用持续改进安全的方法，更具体地说，就是要考虑到国际上的最佳实践（特别是 WENRA 的工作）以及适用于新反应堆的知识和规则的发展。

EDF 提出本次定期安全评价的目标如下。

① 整合福岛后的“强化的安全堆心”（硬核措施）。

② 审查反应堆的运行条件和相关的辐射后果，以趋向于不需要采取居民保护措施的情况，以及对严重事故的管理，目的是降低早期或重大辐射释放的风险。

③ 审查与在乏燃料池中储存燃料有关的风险（目的是将储存在水下的燃料组件的暴露风险降至最低剩余风险）。

④ 关于堆芯熔化的 1 级概率安全研究（目标是剩余风险水平与第三代反应堆的目标水平大致相同），其范围扩大到包括与火灾、厂内水淹、厂内爆炸和地震有关的风险。

⑤ 有关排放的 2 级概率安全研究。

⑥ 重新评估内部危害的风险和与气候、地震、环境或人类活动有关的外部自然危害的风险，核查保护措施的充分性和有效性，必要时确定新的措施。

⑦ 评估设施在极端应急情况下的行为，目的是避免在空间和时间上产生重大排放和持久的辐射后果。

⑧ 评估 900 MW 反应堆在操纵员响应时间和 EPR 参考运行工况（PCC——控制指挥室）下的行为。

⑨ 在组织和人因方面改善运行条件（OHF）。

⑩ 控制老化和过时。

在分析了 EDF 提供的内容后，ASN 于 2016 年 4 月 20 日发表了关于通用指导文件的立场声明，并要求 EDF 对计划中的检查和时间表进行若干补充，如考虑 EPR 通过的某些要求和 2015 年在 1 300 MW 反应堆第三次定期安全评价中提出的某些要求。

900 MW 反应堆第四次定期安全评价带来了特殊的挑战

① 一些设备的设计基准寿命即将结束。因此，有必要审查关于设施符合性和设备老化管理的研究，以考虑到实际观察到的降级机理以及 EDF 采取的维修和更换策略。

② 与这一定期安全评价相关的改造，将使这些反应堆能够完成整合福岛核电厂事故后 ASN 规定的改造。

③ 对这些反应堆的安全重新评估和由此产生的改进必须根据新一代反应堆（如 EPR）的要求进行，因为 EPR 的设计符合显著加强的安全要求。

ASN 在 2016 年 4 月对此次定期安全评价的目标，即反应堆继续运行所要达到的安全水平给出了立场声明，并提出了补充要求。EDF 补充了工作方案，并在 2018 年向 ASN 提交了满足这些要求的计划措施。在 IRSN 的支持下，ASN 正在继续审查与本次审查相关的通用研究，特别是检查设施是否符合要求、老化和陈旧的管理方法、反应堆压力容器的机械强度、关于乏燃料水池安全的研究、减轻事故后果的研究、改进对堆芯熔化事故的管理以及设施抵御内部和外部危害的能力。2019 年和 2020 年，将就安全案例事故研究、设施抵御内部和外部危害的能力、概率安全研究以及堆芯熔化事故管理等问题征求专家咨询委员会的意见。ASN 将在 2020 年年底发布关于本次定期安全评价的通用研究的立场声明。

特里卡斯坦 1 号机组将是第一个进行第四次定期安全评价的反应堆，于 2019 年开始实施。900 MW 反应堆的第四次定期安全评价定于 2030 年进行。

3. 1 300 MW 反应堆的第三次定期安全评价（PSR3）

2011 年，ASN 发布了一份关于与 1 300 MW 反应堆第三次定期安全评价有关的定期安全评价方向的通用立场声明，并在

2015 年发布了关于反应堆第三次定期安全评价后继续运行的通用立场声明。确定了 80 多项修改改造措施，主要是为了提高厂址对外部自然灾害的承受能力（建筑物和系统的冷却），以及防止事故或减轻事故后果的措施（储水罐的再补给、减少发生 SGTR 时的后果、降低燃料厂房水池的排空风险等）。

2017 年，对帕卢埃尔核电厂 3 号机组反应堆和圣阿尔邦核电厂 1 号机组反应堆进行了 PSR3 的相关改造。2018 年，对帕卢埃尔核电厂 2 号机组反应堆、弗拉芒维尔核电厂 1 号机组反应堆、圣阿尔邦核电厂 2 号机组反应堆和卡特农核电厂 2 号机组反应堆进行了与 PSR3 相关的改造。

因此截至 2018 年年底，有 6 座 1 300 MW 反应堆完成了 10 年一次的停堆大修，并整合了与 PSR3 相关的改造。1 300 MW 反应堆的最后一个 PSR3 计划于 2024 年年底进行。

同时，2019 年 12 月 13 日，ASN 就 1 300 MW 核电机组的第四次 10 年期安全审查发表了立场文件，并对该定期审查流程提出新的安全要求。ASN 在文件中表示，此次审查旨在将 1 300 MW 核电机组运行寿期延长至 40 年以上，针对 1 300 MW 核电机组的定期安全评价工作拟定于 2027—2035 年进行。

4. 1 450 MW 反应堆的第二次定期安全评价（PSR2）

2015 年，ASN 就与 1 450 MW 反应堆第二次定期安全评价有关的定期安全评价发表了立场声明。确定了 50 多项修改改造措施，主要是为了提高厂址对外部自然灾害的承受能力（建筑物和系统的冷却），以及防止事故或减轻事故后果的措施（储水罐再补给、减少 SGTR 事件的后果、降低燃料厂房水池排空的风险、反应堆压力容器熔穿的检测措施等）。

舒兹 B2 号机组是第一个于 2019 年进行第二次定期审查的反应堆。1 450 MW 反应堆的最后一个 PSR2 计划定于 2022

年进行。

第四节　实践与经验

1. 900 MW 压水堆（CP0，CP1，以及 CP2 型）PSR 情况

法国的核电厂由 58 座压水堆（PWR）组成，其中运行时间最久的是 1978—1988 年投入使用的 34 座 900 MW 反应堆。900 MW 标准化系列可分为以下两大类。

（1）CP0 型，包含 6 个机组（费森海姆 1、2 号机组，比热伊 1～4 号机组）；

（2）CPY 系列（分为 CP1 型和 CP2 型），包括 28 个机组（布莱耶 1～4 号机组，希农 1～4 号机组，克吕阿 1～4 号机组，当皮埃尔 1～4 号机组，格拉弗林 1～6 号机组，圣洛朗 1、2 号机组，特里卡斯坦 1～4 号机组）。

由于某个系列的所有反应堆都有相同的设计，法国核安全局（ASN）决定对这些系列的核电厂进行统一的 PSR 研究。以费森海姆 1 号机组为首的 CP0 型反应堆由一份 PSR 研究覆盖，以特里卡斯坦 1 号机组为首的 CPY 系列（CP1 和 CP2 型）反应堆由第二份 PSR 研究共同覆盖。然而，一些与反应堆选址或其他具体的厂址位置特征有关的问题则按个案处理。

本节涉及上述所有核电厂的两份 PSR，这些核电厂由法马通（Framatome）设计；CP0 型反应堆于 1977 年 12 月—1980 年 1 月投入运行，CP1 和 CP2 型反应堆于 1979 年 3 月—1988 年 4 月投入运行。2002—2008 年第三次十年期审查（VD3 900）的意见，该审查是在辐射防护与核安全研究所（IRSN）的技术支持和 ASN 的指导下进行的。

第 285 号 DSR 报告对 IRSN 在 6 年中进行的调查进行了评估并得出结论，在此期间，法国电力公司（EDF）对三种类型的反应堆进行了必要的 PSR 研究，并确定了随后要对反应堆进行的修改。安全审查集中在三个方面：（1）将该电厂目前的安全水平与当前的预期水平进行比较；（2）考虑技术知识的改进和运行经验的增加；（3）考虑可能限制该电厂运行寿命的各种老化现象。

IRSN 的 DSR 对 PSR 的审查和评估根据原子能机构（IAEA）14 个要素中的 6 个要素分为三个部分。这三个部分是：（1）核电站设计（要素 1）；（2）老化降级和管理，包括要素 2（SSC 的实际状态）、要素 3（设备鉴定）和要素 4（老化）；（3）性能和经验反馈，包括要素 8（安全性能）和要素 9（对其他核电厂的经验和研究结果的使用情况）。三种类型反应堆的两次 PSR 结果基本相同，大部分合并在第 285 号 DSR 报告中。这里提供的摘要也是综合了两份 PSR 的结果，只是对不同类型的核电厂之间的 PSR 结果有差异的地方进行了区分。

（1）核电厂改造

PSR 发现，在严重事故期间，安全壳内产生的碎片可能会进入地坑滤网，而滤网的设计是为了保护下游设备，如泵。这些滤网可能被堵塞，从而导致泵的吸气侧压力下降，增加安全防护系统（Safeguard Systems）发生故障的风险。根据对地坑设计依据的审查，考虑到堵塞的风险，并作为 VD3-900 安全审查过程的一部分，EDF 决定修改地坑过滤器的设计。这一修改已在 2009 年前应用于所有反应堆。

（2）核电厂设计

第三次停堆大修的定期安全评价（PSR）所导致的 CP0 型核电厂的主要改造包括以下内容。

① 增强抗震能力（主要在比热伊核电厂）。

② 改进对爆炸性气体（主要是氢气）相关风险的考虑。

③ 在有爆炸性气体风险的场所安装氢气探测器和/或防爆设备。

④ 主要通过提高应急柴油发电机的长期可靠性，来提高各厂址抵御外部自然灾害的能力。

⑤ 考虑到乏燃料储存池容量快速缩减的风险。拟实施的修改旨在增加操纵员将正在处理的燃料组件返回到安全状态的时间（在低-低水位自动关闭燃料池泵，并测量排放率）。

⑥ 改善了对严重事故的管理，特别是提高了利用稳压器泄压阀对主回路系统进行泄压的系统的可靠性，即使在断电造成严重事故的情况下也是如此。

⑦ 旨在减少人员辐射剂量的修改。

⑧ 通过升级更新不能继续使用 40 年的设备物项，提高反应堆的性能，解决仪表和控制设备过时的问题。

IRSN 曾强调需要采取改进措施，以避免反应堆容器在主系统低温超压的情况下突然破裂，特别是在主冷却系统低于 90 ℃时。在 VD3-900 的 PSR 期间，IRSN 评估了 EDF 提出的修改建议是否充分，包括在主系统关闭和反应堆由余热排除系统冷却时，降低稳压器泄压阀的整定值。IRSN 认为，这项修改，加上已经实施的其他运行改进措施，大大降低与 LTOP 相关的、需要使用安注情况下的容器破裂风险。然而，IRSN 认定，EDF 在某些仍存在超压风险的运行范围内不应用该项修改的决定并不令人满意。IRSN 认为，在主系统关闭和压力容器内水温低于 90 ℃的所有运行范围内，都必须实施该项修改。

本次的 PSR 包括对抗震保护措施的审查，考虑到与上一次停堆大修 PSR 时的情况有关的下列因素。

① 最先进的工程实践的演变，主要与计算机计算能力的巨大进步有关。

② 更新抗震防护标准。EDF 主要依据国际原子能机构

（IAEA）第 28 号安全报告《现有核电厂的地震评估》（IAEA 2003b），以及因执行新的《基本安全规则》而对厂址地震危害进行的安全审查。

③ EDF 正就地震风险进行两方面的研究及开发工作：一是控制与地震风险识别有关的不确定因素，二是量化设计裕度。

关于乏燃料储存的安全问题，运行实践中，随着时间的推移，往往会增加衰变罐中储存的燃料的剩余功率，从而减少冷却剂完全丧失时的干预准备时间。这种担忧导致 EDF 和 ASN 对燃料厂房中燃料储存的安全性提出质疑。设计校正案例涵盖了与冷却剂或池水意外丧失有关的各种问题，将考虑到以下问题。

④ 燃料组件的卸料和向乏燃料池（SFP）的传输将基于乏燃料池水温的限制，而不是以初始堆芯剩余功率为依据；

⑤ 改进监测和检测手段；

⑥ 对 SFP 实施补水措施，防止乏燃料水池冷却剂系统彻底丧失和冷却剂的长期流失。

法国所有 900 MWe 的反应堆都在进行以下改造

法国的一些 900 MW 和 1 300 MW 的反应堆发生了因氧化物沉积而导致蒸汽发生器（SG）管支撑板堵塞的现象，从而导致间隙和流道逐渐阻塞。2006 年秋季，EDF 在克吕阿 Cruas 核电厂首次观察到这种现象。根据 EDF 在 2007 年进行的分析，确认在总共 58 个反应堆中，有 15 个反应堆（8 个 1 300 MW 和 7 个 900 MW 的反应堆）出现了这种现象，并要求相关的 SG 执行化学清洗程序。到 2008 年年底，9 座反应堆的 SG 已经清洗完毕（2007 年 4 座，2008 年 5 座），其余 6 座反应堆在此后 2 至 3 年内进行了清洗。

基于对严重事故风险分析和相关电厂改造的审查，IRSN 确定 EDF 应巩固仪器的可靠性和代表性。这样可以实时评估安全壳中“氢气风险”的发展情况，并检测反应堆坑底是否存在熔融物，以提高监测严重事故进展的能力。

关于安全壳的安全问题，IRSN 发现，实施了 EDF 规定的修改来改善某些气闸和隔离阀的完整性后，900 MW 机组的安全壳就没有因为设计原因而出现异常行为。然而，IRSN 认为，还需要进行一些额外的调查，特别是对安全壳混凝土和预应力钢筋的混凝土保护层进行调查，以证明安全壳是否适合继续运行。对于事故后情况下的安全壳，IRSN 认为，在对设备舱门关闭系统的加固执行重大修改后其性能是令人满意的，可以保证在发生严重事故时有足够的机械强度来承受高达 8 个大气压的压力峰值。

根据对 1 级概率安全评估（PSA）的审查，IRSN 建议实施一项旨在降低堆芯熔化风险的修改。这一修改包括在反应堆冷却剂泵组之一的热屏冷却系统破裂时进行安全壳旁路。关于 2 级 PSA 的分析，IRSN 认为，EDF 在其 PSA 分析中采用的方法和假设表明，总体目标已经实现。然而，某些假设必须加强，而 EDF 必须继续制定 2 级 PSA，以便通过对不同情况进行排序来改进严重事故管理。

IRSN 的报告还指出，蒸汽发生器单根或多根传热管破裂的后果仍然是一个重要的问题，EDF 提出的修改建议将使操纵员有更多的时间采取适当的行动来处理这种事件。其中包括修改辅助给水系统（AFS）的运行条件，以便尽早隔离受影响的蒸汽发生器的供水。此外，还包括修改步骤，通过平衡受影响的 SG 和主系统的压力，尽快阻止主冷却剂的泄漏。

在 ASN 的第 2100-AV-0121 号意见中确定，根据福岛核事故后启动的补充安全评估即将得出的结论，费森海姆 1 号机组能够在第三次 PSR 之后再安全运行 10 年，并符合以下两项要求。

① 在 2013 年 6 月 30 日之前加固反应堆筏基，以提高反应堆容器发生严重事故时的抗熔融物熔穿能力；

② 在 2012 年 12 月 31 日前安装应急系统，以便在最终热阱

丧失的情况下可靠地排出余热。

（3）老化降级和管理

法国核安全研究所（IRSN）2010 年的年度报告审查了法国 900 MW 反应堆的反应堆容器是否能够安全运行 40 年。应 ASN 的要求，IRSN 审查了 EDF 提交的文件，该文件旨在证明在安注系统的水造成冷冲击的情况下不存在出现故障的风险。IRSN 和 ASN 的核压力设备部于 2010 年 6 月 16 日和 30 日向相关咨询委员会提交了他们的结论。该小组裁定赞成所有 900 MW 反应堆的反应堆容器继续运行，直到其第四次 10 年定期安全检查，条件是提高圣洛朗核电厂 B1 反应堆（CP2 型压水堆）安注用水的温度。

关于将 EDF 反应堆的使用寿命延长到 40 年以上的可能性，IRSN 确定了两个主要的调查课题：① EDF 对 40 年后与安全有关的构筑物、系统和部件的老化和陈旧的管理；② EDF 是否有能力预测在必要时更换与安全有关的部件的最佳时机，并进行改造以大大降低事故的概率或后果。

ASN 对 PSR 的审查注意到，未来几年内不会达到 900 MW 反应堆容器的最大辐照蠕变设计极限，但需要进行核查，以确保在进行第四次 10 年 PSR 之前不会超过该极限。ASN 还注意到 900 MW 设施中 SG 降级的两个新的通用问题，这两个问题与 SG 化学清洗和传热管堵塞有关，其后果可能导致 SG 安全报告的修订。因此，ASN 要求 EDF 审查 SG 的总体设计，以解决与安全、设计、制造和在役监测相关方面的所有问题，并加强努力以预测未来类似的潜在降级所导致的异常情况。

关于在第四个 10 年停堆大修之前对科镍合金 600 主冷却剂水应力腐蚀裂纹问题的管理（PWSCC），ASN 认为必须：① 如果不能为 900 MW 反应堆安装泄漏探测系统，则应核查容器底部贯穿件的整体完整性；② 继续在役监测 SG 隔板焊缝的完整性，并逐一处理观察到的每一个不符合项。

EDF 还建议在 VD3 之后的 10 年内对费森海姆 1 号机组采取具体的维修行动，包括屏蔽筒的螺栓连接、某些电气继电器和控制棒的某些位置传感器，以预防和监测老化的影响。

（4）性能和经验反馈

法国核电厂根据运行经验，对压水堆执行了以下修改。

① 2006 年年初，对所有安全注射泵和安全壳喷淋泵进行了改造，以提高事故长期阶段的抗震能力；

② 到 2009 年年底已经完成了所有反应堆的循环地坑滤网的改造方案。

在过去几年中，在维修和换料停堆期间或在发生意外事件后进行的 SG 检查中发现了以下问题。

③ 由于氧化物沉积，SG 管支撑板堵塞，导致间隙和流道逐渐受阻。这导致 2004—2006 年有 3 根 SG 传热管发生泄漏。因此，在 ASN 的监督下，EDF 对 SG 传热管实施了化学清洗策略。

④ SG 管支撑异常，包括无支撑管道的振动疲劳。2008 年 2 月，费森海姆 2 号反应堆的一个无支撑 SG 传热管发生泄漏，尽管该管未被确定为对振动疲劳敏感。在该事件发生后，应 ASN 的要求，EDF 堵住了其 900 MW 反应堆中所有无支撑的管子，以及那些被认为有风险的 1 300 MW 反应堆中的管子。EDF 还对其振动疲劳准则进行了修订。

⑤ 某些 SG 的管子合金容易受到腐蚀，因此受到更密切的监测。在 2009 年 5 月对比热伊 3 号机组的 1 号 SG 进行检查时，EDF 发现了具有新特征的小裂纹和一个重大缺陷，该缺陷是出于评估的目的在拔取管子时才被发现。经过几个月的评估和审查，EDF 决定比预期更早更换比热伊 3 号的所有 SG。这是由于管道支撑板处的管子被腐蚀所致。对其他几个设施的同一类型的 SG 进行的评估表明，存在着检查过程中没有被正确检测出来的

腐蚀。因此，计划对所有可能引起关注的 SG 进行额外检查。

⑥ EDF 决定更换其所有 34 个 900 MW 核电厂的 SG。2012 年 2 月，完成了 22 台机组的更换，后续以每年两台的速度进行更换，在 2016 年增加到每年 3 台。2011 年，EDF 为其 20 个 1 300 MW 机组中的 11 个机组订购了 44 台蒸汽发生器，并继续实施其他 9 个机组的更换。

虽然化学清洗是解决蒸汽发生器管道与支架交汇处传热管堵塞问题的一个潜在补救办法，但 ASN 认为，清洗并非没有不良后果，因为蒸汽发生器或管道的内部结构在这种处理过程中会受到腐蚀。此外，在清洗后还会发现管道上有沉淀物，其来源不易识别。

2. 结论

根据法国核电厂 PSR 的评估，并在 IRSN 的支持下，ASN 发现适用于 CP0、CP1 和 CP2 型 900 MW 反应堆的 PSR 通用部分能够维持和提高其整体安全水平。一级 PSA 的结果有助于确定适当的设计或运行变更，这些变更一旦引入反应堆，将进一步减少任何潜在的堆芯熔毁。此外，ASN 发现，在现阶段的审查中，安全再评估研究没有发现任何会引起与安全相关的或与 900 MW 反应堆继续运行能力有关的通用问题的要素。除了目前的安全再评估之外，ASN 确定，只有正确保持和负责任地运行以预测任何潜在的异常情况，才有可能设想延长反应堆的运行寿期。

特别是关于费森海姆 1 号机组的 PSR，ASN 确定：(a) 许可证持有者（EDF）已经证明，在第三次 10 年一次的停堆大修后的至少 10 年内，各种老化现象将得到控制；(b) 费森海姆 1 号机组的反应堆压力容器（RPV）适合 10 年期间使用；(c) 第三次 10 年一次的停堆大修期间的维修活动证实，反应堆部件的老化与预期相符，不存在任何特殊问题。

值得进一步关注的技术问题

未来几年不会达到 900 MW 反应堆容器的最大辐照蠕变设计限值，但需要进行核查，以确保在进行第四次 10 年一次的 PSR 之前不会超过该限值。2008 年 2 月，费森海姆 2 号反应堆的一个无支撑的蒸汽发生器传热管发生泄漏，尽管该管未被确定为对振动疲劳敏感。EDF 随后堵住了 900 MW 反应堆中所有无支撑的管道，以及那些被认为有风险的 1 300 MW 反应堆也同样进行了处理。并且 EDF 还对其振动疲劳准则进行了修订。

参考文献

[1] World Nuclear Association. Nuclear Power in France[EB/OL]. [2020-07-31]. https: //www. world-nuclear.org/information-library/country-profiles/countries-a-f/france.aspx.

[2] France. Eighth National Report for the 2020 Review Meeting: Convention on Nuclear Safety[R]. Vienna: IAEA, 2020.

[3] 殷德健．法国定期安全评价的实践[J]．核安全．2006(3): 51-55.

[4] Omesh Chopra, Dwight Diercks, David Ma, et al. Technical Letter Report: Evaluation and Analysis of A Few International Periodic Safety Review Summary Reports[R]. 2013.

[5] France. ÉVALUATION DE LA SÛRETÉ DES INSTALLATIONS NUCLÉAIRES EN FRANCE[R]. Rapport National, 2017.

[6] 罗艺．法国核安全管理体制简评[J]．世界环境．2014(3): 33-34.

[7] France. Convention on Nuclear Safety Eighth National Report for the 2020 Review Meeting[R]. 2019.

[8] WENRA RHWG. Position paper on Periodic Safety Reviews (PSRs) taking into account the lessons learnt from the TEPCO Fukushima Daiichi accident[R]. 2013.

[9] EDF. Vérification de la conformité des réacteurs de 900 MWe et de 1450 MWe[R]. 2019.

第五章　美国的定期安全评价

核管会应制订计划，规定与核反应堆有关的未解决安全问题的规范和分析，并对此类问题采取必要纠正措施。

——美国《1974 能源重组法》

第一节　核电厂概况

美国是最早推动商业核电厂发展的国家之一，截至 2019 年年底，美国现存取得运行许可证的核电厂共 97 台，其中压水堆 64 台，沸水堆 32 台。2018 年，美国的总发电量大约为 41 780 亿千瓦时，有 36%来自化石燃料（煤、天然气、石油和其他气体），核能提供了 19.3%，大约 8 070 亿千瓦时。美国核电厂的分布如图 5-1 所示。

美国在运行的核电厂中有 89 台已经完成许可证延续，剩下 8 台还是原始许可证。截至 2019 年年底，美国有 1 台机组运行不到 20 年，4 台机组运行不到 30 年，44 机组台运行不到 40 年，48 台机组运行超过 40 年。1957 年 12 月，美国第一个商业核电厂，宾夕法尼亚州的 Shippingport 希平港核电厂投入运营。在此之后，美国商业核电厂开始了蓬勃的发展历程。由于环保、收益良好等因素，在 1967 年经过 10 年的快速发展之后，美国在建的核电机组已多达 31 台，但 1979 年 3 月 28 日，美国三哩岛核电厂 2 号机组反应堆发生了堆芯缺水导致部分融毁和放射性物质外逸的重大事故，导致在建反应堆暂停了营运申请，1980 年暂缓令解除，但直到 2012 年之前，美国核管会、美国核能监管委员会都没有受理新的核电建设申请。

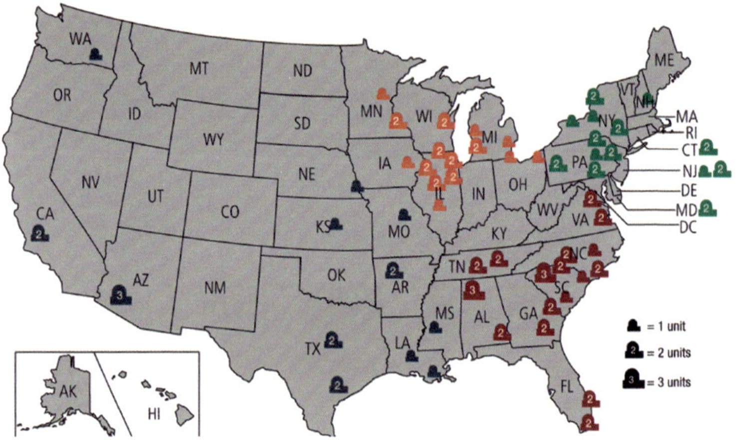

图 5-1 美国核电厂的分布

美国核能监管委员会（NRC）是美国核设施的监管机构，它是美国政府的一个独立机构，1974 年由美国的能源重组法案生效而产生，并于 1975 年 1 月 19 日开始运作，NRC 的作用是保护公众健康和处理核能相关安全问题，负责监督核设施的安全和安保、反应堆的许可证颁发和更新、放射性材料的许可证颁发、放射性核素安全许可证颁发和乏燃料管理（包括贮存、安全，回收和处置等）。NRC 共分为 4 个区：Ⅰ区，位于宾夕法尼亚州的普鲁士王市，负责监管东北各州；Ⅱ区，位于佐治亚州的亚特兰大市，负责监管东南部的多数州；Ⅲ区，位于伊利诺伊州的莱尔市，负责监管中西部地区；Ⅳ区，位于得克萨斯州的阿灵顿，负责监管西部和中南部各州。在四个区内，NRC 通过驻厂监督员、区域专家以及专项检查组对各商业核电机组的运行安全进行监督检查。对于核电厂的定期安全检查，美国 NRC 通过全面系统的日常检查以及运行许可证延续等多个方面进行了功能覆盖。

第二节　法规体系

美国的核电法规体系共有五个层次：原子能法、联邦法规、美国核管理委员会的管理导则、技术文件以及核电标准和规范。

1946 年颁布了原子能法，此后进行了多次修正，这也是世界上第一份原子能法。原子能法的主要内容大概包括以下几个方面：原子能主管部门和安全监督机构的职责和权力；核科学研究与产业发展；核矿开采；核材料管制；核设施监督和管理；核废物处理和处置、辐射防护；核辐射装置和放射性同位素的应用；核事故应急管理和核损害的赔偿；国际合作与交流；法律责任；等等。

美国联邦法规（CFR）是美国联邦政府执行机构和部门发表与公布的一般性和永久性规则的集成，具有普遍适用性和法律效应。第 10 部分是“能源”，它规定了和平利用原子能通用的和特殊的原则和准则。

NRC 制定了一整套管理导则，它为核能领域满足法规要求提供了详细的指导和解决办法。按照不同内容导则共分为 10 个部分，包括运行核电厂、研究堆和试验堆、核燃料和物料设备、环境和厂址以及职业保健等多个方面，其中涉及运行核电厂的是第 1 部分，如 RG.1.64《核电厂设计的质量保证要求》等。

核管会的技术文件（NUREG）是美国核管会下设的反应堆管理局负责编制的技术文件，NUREG/CR 是委托各研究机构完成的技术文件。技术文件属于建议性的参考文件，有时技术文件与管理导则具有同样的作用，如“NUREG-0800”是《核电厂安全分析报告的标准审查大纲》，这是NRC对申请者按照RG.1.70《核电厂安全分析报告的标准格式和内容》要求编写的“初步/最终安全分析报告”进行审查的指导性文件。

核电标准和规范是具体贯彻法规和导则的技术文件。美国国家标准学会（ANSI）进行核标准的研究和编制，可以自行或委托其他单位如美国核学会（ANS）进行核标准的研究和编制，在得到美国国家标准学会的审查认可后，将其作为国家标准。美国工业界行业协会或学会也编制了很多标准，如美国机械工程师学会（ASME）、电气与电子工程师学会（IEEE）、美国材料和试验学会（ASTM）、美国混凝土学会（ACI）等编制的核电标准。除此之外还引用了大量的工业标准，它们也是上述核电标准的基础，支持着核电标准的发展。

1. 美国核电厂执照更新法规

美国商业核电厂的许可证运行期限为40年。在1982年的研讨会上，美国NRC提出了一个关于核电厂老化研究的综合项目，该项目表明：核电厂许多老化现象都能方便地进行管理，在技术上不会对其延寿的可行性构成问题。随后NRC在1991年颁布了核电厂延寿安全方面的法规要求，即执照更新法规10 CFR 54，对核电厂执照更新的程序、准则和标准做出了明确要求。此后，NRC开始把这些示范性法规应用到一些试验性工程，并根据获得的经验制定了针对该法规的具体操作导则。该规范定义了执照更新中的老化相关失效准则来全面评价延寿。执照更新的期限是20年，但其执照更新的次数不受限制，核电厂在提交执照更新申请之前，至少要有20年的运行经验。核电厂许可证持有者一般在设计寿命到期前5年以上，向本国核安全监管部门递交延寿申请。其中，申请的主要依据之一是核电厂整体评估。

目前除了美国《原子能法》外，美国执照更新文件体系从上到下分为 3 个层次：1）联邦法规（CFR），包括 10CFR51 环境保护法规，和 10CFR54 核电厂运行执照更新要求。法规逻辑严谨、指导性强，但可操作性比较差，需要导则和美国核管会技术文件支撑。2）管理导则文件（RG），包括 RG1.188 申请核电厂运行执照更新的标准格式和内容，RG4.2 申请核电厂运行执照更新的环境报告，NEI95-10 执行 10CFR54 执照更新要求的工业导则。导则文件与其他工业标准有良好的接口，构成完整的标准体系。3）NRC 技术文件（NUREG），包括 NUREG1800 核电厂运行执照更新标准审查大纲，NUREG1801 核电厂老化管理通用经验（GALL）报告，NUREG1555 核电厂环境评估标准审查大纲等。技术文件具有表格化结构，可操作性强。

核电厂整体评估是指申请人为了证明核电厂延寿期间仍能达到可接受的安全水平而进行的评估活动。证明申请人对 CFR54.21 所要求进行老化管理审查的核电厂设施的系统、构筑物和部件（SSCs）进行了识别，并且影响它们功能的老化效应得到了有效管理，满足当前执照基础。电厂整体评估的对象包括安全级系统、设备和部件，失效时会阻碍安全功能的非安全级设备，以及在安全分析、电厂评估中涉及的，执行 10CFR50.48 消防、10CFR50.49 环境鉴定 10CFR50.61 承压热冲击、10CFR50.62 未紧急停堆的预期瞬态、10CFR50.63 全厂交流电源丧失要求的相关功能的所有系统、构筑物和部件。

2. 反应堆监督程序（ROP）

实施反应堆监督程序（Reactor Oversight Process，简称 ROP）监管体系之前所采用的反应堆监管模式，主要由电厂绩效系统性评估、高级管理层会议、电厂绩效评审组成，其最突出的问题是：

所做评估有一个共同前提假设，即电厂只要遵循 NRC 的法规，就算是安全的电厂。但实践证明，这种假设存在诸多问题：电厂的绩效评价过于依赖检查人员的主观判断；评分的基准有时相当模糊，且特定分数的含义不易理解；评估工作注重于电厂过往表现，并未反映实时的情况，对需采取紧急纠正行动的情况不具有时效性。

20 世纪 90 年代中期，NRC 开始策划采用先进的技术来识别监管过程中过于保守和不必要的规定，对监管体系进行优化，从而增强商运核电的竞争力。经技术人员与业内专家共同努力，2000 年 4 月，NRC 实施了基于传统工程经验和风险指引技术的反应堆监督程序。开发 ROP 的目的是为检查和评估电厂性能提供更具风险指引功能、更客观、更有可预见性、更易理解的工具。同时，ROP 也满足了 NRC 的四项要求：保持安全；增加公开度；使 NRC 的活动和决定更有效、高效和现实；减少不必要的管理负担。

NRC 基于保护公众健康和安全这一总体目标，将反应堆监督程序监管框架确定为三个关键领域：反应堆安全、辐射安全和电厂保卫，对这三个关键领域确定出始发事件、缓解系统、屏障完整性、应急准备、公众辐射、职业照射和实体保卫七大安全基石，以及三个交叉领域（人员绩效、问题识别与处理、有安全意识的工作环境），基于风险指引建立绩效指标对核电厂许可证持有者进行持续监督的一整套流程。在 ROP 框架中，针对七大安全基石设立了不同的性能指标和检查程序，以确保实现相应的安全目标。每个安全基石的良好表现为电厂的安全运行提供可靠的保证，实现 NRC 的安全目标。NRC 根据监督大纲用各电厂的性能指标来衡量电厂的绩效，通过风险指引型基准检查、补充检查、共性问题检查、事件响应和电厂的性能指标体系，检查监督并密切关注对核电厂安全和风险影响最大的活动。根据性能指标评价体系（SPI）和重要度确定程序（SDP）的要求，电厂定期（每个季度）评价上述 7 个安全基石的性能和事件重要度确定，并将数据上报 NRC。经 NRC 工作人员对电厂提交的性能指标数据进行汇编和审核后发布在 NRC 网站。

ROP 主要包括反应堆检查程序、性能指标、评估和执法等几部分。性能指标体系和重要度确定程序是 ROP 监管的重要工具。性能指标体系主要从 7 个基石来评价核电厂安全管理的有效性，该体系最重要的是利用 PSA 的计算结果给出重要系统在已确定时间内的性能和状态。缓解系统的性能指标（MSPI），采用安全系统不可用度指标（UA）和系统不可靠性指标（UR），从设备的不可用次数、不可用时间和设备在启动或在运行中出现的故障等反映系统的性能。把系统设备的不可用度和不可靠度分别与业界基准的不可用度和不可靠度之间做差值计算，差值所带来的电站堆芯损坏频率改变之和即为系统的实际风险增量。重要度确定程序，综合了 SPAR 模型、电厂系统手册和其他相关文件，可以对检查发现项的安全重要性进行筛选和评价，识别出不会导致电厂风险显著增加的检查结果。

每个性能指标通过绿、白、黄、红四种颜色对其安全性能进行表示。绿色：满足既定预期安全目标水平内的性能（SPI）；对安全影响非常小的发现项（SDP）。白色：超出既定预期安全目标水平，但仍满足安全基石的安全目标（SPI）；对安全影响小或中等的发现项（SDP）。黄色：安全目标虽仍满足，但是安全裕量已经降至最低（SPI）；有重要安全影响或安全重要性的发现项（SDP）。红色：性能指标的安全裕量显著降低（SPI）；有高度安全或安全意义的发现项（SDP）。

对于不同电厂，每一个安全基石都有对应的检查发现项和性能指标的指标阈值，ROP 制定了风险指引型基准检查大纲来独立评价 SPI，并检查 SPI 无法覆盖的电厂其他领域。通过 SDP

评估，将性能指标数据与性能指标阈值比较，这两项评估结果通过评价程序进行分析，然后依据行动矩阵做出相应的响应行动，从而实现对不同性能表现的核电厂采取不同的响应行动，进行差别化管理。

第三节　定期安全评价理念

1. 美国核电厂定期审查体系概述

国际原子能机构 IAEA 的成员国普遍认为，通过定期安全评价（PSR）可以评估运行核电厂的安全性。PSR 在几个成员国中是强制性要求的，在一些成员国中是监管框架的一部分。多年来，IAEA 关于 PSR 发表了许多文章和指导性文件。2003 年，原子能机构出版了一份安全指南 NS-G2.10《核电站的定期安全评价》对如何进行电厂的定期安全评价提供了技术指导。审查由电厂工作人员进行，包根据 14 个领域的现行安全标准和实践对电厂设计和运行进行评估。PSR 的目标是通过系统地“评估设备老化、电厂改造、运行经验、技术开发和安装方面的累积影响”，确保“在电厂整个运行寿命期内保持高水平的运行安全”。

NRC 同样认为保持警惕的监督和持续的审查对于确保核电站整个寿期安全至关重要。NRC 通过全面的规章制度、检查和安全审查计划来实现定期安全评价的目标。

2. NRC 政策和程序

（1）背景

自 1946 年《原子能法》首次颁布以来，和平发展原子能技术以及加强私营企业之间的自由竞争一直被视为美国核框架的一部分。经修订的1954年美国《原子能法》（以下简称《法案》）向商业企业开放了核技术，并授权原子能委员会（NRC的前身）制定法规，合理保证在使用放射性材料时对公众健康和安全提供充分保护。但由于法规本身没有对持续改进进行规定，因此NRC不需要不断提高充分保护的水平。然而美国核工业本身，以及联邦监管机构的全面独立监督，已经并将继续在安全方面做出改进。

该法案限制商业动力反应堆的初始许可期限为40年。目前正在运营的核电站是按照两步程序获得许可的，即原子能机构首先颁发施工许可证，然后颁发运行许可证。申请人提交初步安全分析报告，作为施工许可申请的一部分。NRC审查申请，并在安全评估报告中记录其调查结果和应急计划。反应堆安全保障咨询委员会（ACRS）是一个由技术专家组成的独立咨询小组，负责审查每一份施工许可申请和NRC的安全评估，ACRS随后向NRC报告其审查结果。许可程序的第二步是申请运行许可证，申请材料包含最终安全分析报告（FSAR）和更新的环境报告。FSAR包括电厂的最终设计、安全评估、运行限制、电厂对假设事故的预期响应以及应急计划。NRC将其对申请的审查结果记录在最终的安全评估报告中。ACRS在公开会议上审查每个运行许可证申请和NRC的最终安全评估报告。同时会发布联邦公报通知，为了给任何利益可能受到影响的人提供向NRC申请听证会的机会。所有文档（保密部分除外）都是公开的。

对于运行超过40年的核电厂，可以对运行许可证进行续期。NRC法规允许核电厂一次许可证延续的最长时间为20年。许可证延续过程分两个步骤进行：一个是安全问题的审查，另一个是环境问题的审查。申请人向核管理委员会提供一份评估报告，说明核电厂老化的技术问题，并说明如何在延长运行期间管理这些问题。申请人还应准备一份延长运行期间对环境的潜在影响评估。NRC工作人员将审查结果记录在安全评估报告和补充环境影响声明中。ACRS 审查每个许可证延续申请，相关 NRC 员工进行评估，并将建议转发给 NRC 委员会。

20 世纪 70 年代中期，NRC 意识到对获得许可的核电厂的设计和运行进行充分评估的重要性，因为电厂获得许可批准时所参考的法规标准与现行的法规标准之间可能存在偏差，对这些偏差的评估具有重要的安全意义。因此，NRC 于 1977 年启动了系统整体评估（SEP）。1984 年，作为整体安全评估计划提案的一部分 NRC 工作人员向委员会提交了 27 个 SEP 取得的经验。SEP 过程随后转化为整体安全评估计划的试点。后来，NRC 将许多问题转移到已建立的通用安全问题计划中。在 20 世纪 80 年代末和整个 90 年代，NRC 继续努力加强其监管基础设施，并通过检查、评估以及在适当情况下制定新的通用要求来确保商业核电站的持续安全运行。图 5-2 显示了美国监管审查主要事项的时间表。

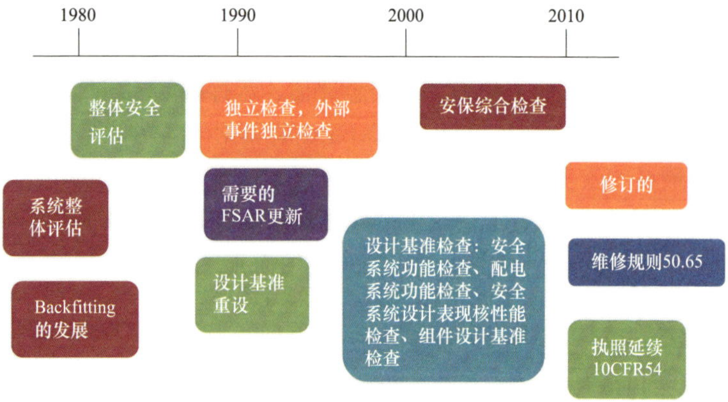

图 5-2　美国监管审查主要事项的时间表

（2）现行程序

① 运行经验的积累

NRC 为了有效利用国内外电厂的运行经验，建立并致力于实施一项持续有效的运行经验程序，该计划程序可收集、评估、交流和应用运行经验，以防止发生重大事件并为 NRC 决策提供依据。为此，NRC 能够及时处理并向核电厂反馈相关的运行经验，以确保能像原子能机构的规则一样不断地从相关运行经验中吸取教训并有效利用。运行经验程序的主要包括：（a）事件报告；（b）事件筛选；（c）事件调查；（d）对安全重要事件的深入分析；（e）对发展趋势的考虑；（f）建议采取的措施；（g）信息传播；（h）持续监控程序；（i）信息的存储，检索和记录。

NRC 确定了运行事件通知报告制度，法规中也有其他的报告要求以及美国对国际设施运行事件报告的审查等内容。重点是由两到三名驻厂监督员对每个核电厂进行日常审查，评估核电厂的性能，同时监督站专家和巡视员会进行协助，共同监测核电厂的运行情况，并确保电厂的运行经验可以及时反馈给原子能机构的技术和方案办公室，供将来进行评估。举例来说，反应堆许可证的更新就是运行经验向美国监管活动的反馈。NRC 已经制定了一些程序来帮助高效地评估许可证续期申请。NRC 工作人员使用的参考文件之一是《通用老化经验教训（GALL）报告》NUREG-1801 的第 1 卷和第 2 卷。GALL 报告就如何评估核电厂老化管理程序（AMP）向运行人员提供指导，以确保电厂在长期运行期间的安全。以前，电力电缆 AMP 的范围仅限于 2～35 kV 的电缆。最近的行业经验表明，当低压电缆暴露在不满足设计的不利环境下，其绝缘电阻会降低，从而导致电缆故障的可能性增加。因此，NRC 工作人员扩大了该 AMP 的范围，在下一次更新的 GALL 报告中包括了电压大于 480 V 的电缆。

② 反应堆监督程序（ROP）

ROP 是 NRC 用于检查、评估商业核电厂是否安全运行以及任何性能是否下降的程序。ROP 的目的是在以下三个领域对核电厂性能进行检测：（a）反应堆安全；（b）辐射安全；（c）电厂保卫。7 个基石分别是始发事件、缓解系统、屏障完整性、应急准备、公众照射、职业照射以及实体包围。ROP 监管程序主要集中于这 3 个领域和 7 个基石。（见图 5-3）

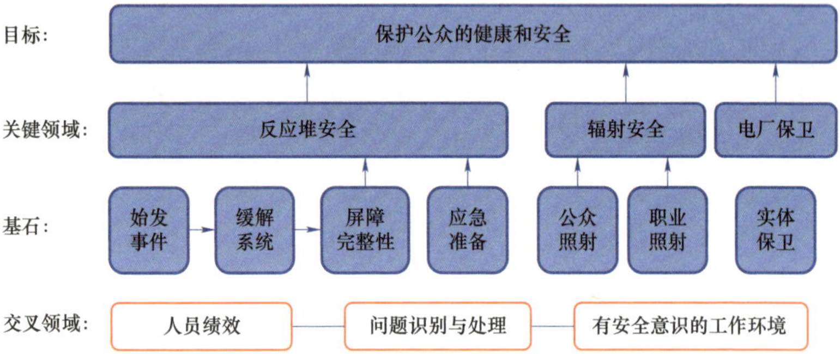

图 5-3　ROP 框架图

每个基石都验证了程序的充分性。例如，不利天气保护的检查程序需要验证厂外电源和备用电源的准备情况、季节性极端天气情况、即将发生的不利天气情况和外部洪水。NRC 的 ROP 程序涉及了 IAEA 的 PSR 所有 14 个安全要素，其他 NRC 程序对一些安全要素进行了补充。例如，与老化相关的安全要素，由 NRC 许可证延续程序中的联邦法规（10 CFR）第 54 部分“核电厂的运行许可证延续要求”第 10 章来管理。

ROP 是一种风险告知的工具，它使用直接检查和客观性能指标来衡量电厂的性能。NRC 通过每个季度的中期和终期（EOC）审核、EOC 摘要会议和机构行动审核会议来评估结果。根据评估，NRC 可以采取适当的措施来确保工厂的持续安全运行。

③ 通用程序的升级

NRC 会对整个行业范围内可能需要技术解决方案的重大安全问题进行评估，并通过发布通用记录，例如信函、信息通知和法规问题摘要等，向被许可人警告此类问题。以下是此类通用记录的五个示例，说明了 NRC 如何在某些特定主题上完成通用程序的升级。

通用信函 GL 89-10《安全相关的电动阀测试和监视》。该信函的目的是告知持照者，实验室测试表明，一回路的电动阀可能受到之前没有计算在内的机构和负载的影响。为了确保安全，NRC 要求持照者提供有关问题的信息，例如审查其电动阀的设计基础并建立正确的开关设置。

通用信函 GL 89-13《影响安全相关设备的厂用水系统问题》。鉴于腐蚀或生物污染等问题，NRC 建议持照者采取某些措施，以确保厂用水系统的持续可用性。

通用信函 GL 96-06《设计基准事故条件下确保设备可操作和安全壳的完整》。该信函的目的是通知持照人安全重要问题（例如，在失水事故期间，为安全壳空气冷却器服务的冷却水系统的水锤），这些问题可能会在事故条件下影响安全壳的完整性和设备的可操作性。

通用信函 GL 2004-02《压水堆设计基准事故期间碎片堵塞对紧急再循环的潜在影响》。在信函中，NRC 通知许可证持有人，在设计基准事故期间，要求应急堆芯冷却系统或安全壳喷淋系统循环时，压水堆再循环水坑滤网对碎片堵塞的潜在敏感性。

通用信函 GL 2010-09《了解断路器控制电源指示的重要性》。本通知的目的是通知持照者断路器控制电源指示问题，这些问题可能导致断路器保护和控制性能下降。类似事件在 2010 年 3 月 28 日发生，NRC 于 2010 年 4 月 14 日迅速发布了这一通知。

④ 法规变更

NRC 认为在电厂寿期内应考虑新的法规导则的要求。随着新技术的发展，NRC 会重点审查潜在的安全隐患，并在必要时修订现有程序或法规来确保电厂达到可接受的安全水平。这种修改称为“后馈”，应符合 10 CFR 50.109“backfitting”的要求。

后馈是指 NRC 由于新制定的或修订的法规条例，要求对核电厂系统、结构、部件或设施设计等进行修改补充，或批准和许可制造某一设施，或批准电厂设计、建造某项设施所需的程序。当需要使核设施符合许可证条件或 NRC 的规则和要求时，需要实施“后馈”，如果不实施“后馈”则要进行分析。如果分析表明，实施后馈之后，对公众健康和安全的总体保护会大幅增加，或者产生更强的防御和安全保障，并且考虑到增加的保护，实施后馈的直接和间接成本是合理的，则需要执行“后馈”。

1975 年通过布朗渡轮事件的经验反馈，NRC 为减小共模故障的可能性对核电厂采取了新的防火要求。NRC 认为为降低火灾对反应堆安全系统造成的损害，反应堆安全系统需要安全停堆。为确保公众健康和安全，NRC 于 1981 年发布了新要求：10 CFR 50.48“防火”，附录 R“1979 年 1 月 1 日之前运行的核电设施的防火程序”以及 10 CFR 第 50 部分，新规定大大加强了核电厂的防火安全。

未紧急停堆的预期瞬态（ATWS）规则是由 1983 年在 Salem 1 号机组发生的两起独立事件引起的，当时由于两个反应堆停堆断路器在收到驱动信号时均未能打开，反应堆没能自动紧急停堆。这些 ATWS 事件引发了重大的安全问题，导致 NRC 颁布了 ATWS 规则。对于压水堆，规则要求要有多种紧急停堆系统来中断控制棒的电源，以及在 ATWS 指示的条件下能够启动辅助给水系统。对于沸水反应堆，规则要求有一个备用系统，一个自动注入的备用液体控制系统，以及一个在 ATWS 指示的情况下使再循环泵跳闸的系统。通过“后馈”对行业施加的其他重大规则变更示例包括《全厂断电规则》（10 CFR 50.63“丧失所有交流电源”）和《维修规则》（10 CFR 50.65“监测核电厂维修有效性的要求”）。

除了规定的一般性“后馈”外，如果有需要 NRC 可以施加新的要求。2001 年 9 月 11 日，美国部分基础设施遭受恐怖袭击后，NRC 发布命令，要求所有电厂进行安全升级。NRC 还可以在许可证延续审查期间实施新的要求，以便有效地管理核电厂老化问题。

根据 10 CFR 50.90“运行许可证、建造许可证或厂址许可的修改申请”，NRC 定期对电厂运行许可证的修改进行技术评估。这些修改通常涉及电厂的变更，以使设计更安全或更可靠。根据 10 CFR 50.71（e），电厂的许可条件必须每两年更新一次，以确保最终安全分析报告包含最新信息。此外，根据《美国联邦法规汇编》第 10 卷第 50.55（a）条“规范和标准”，被许可方定期更新其许可证文件，以适用 NRC 认可的规范和标准的更新版本。

（3）将风险信息纳入监管活动

NRC 将风险信息纳入监管活动。在 1988 年 11 月 23 日发布的 GL 88-20“严重事故隐患的电厂独立检查”[10 CFR 50.54（f）]和 1991 年发布的相关补充文件中，NRC 要求所有核电厂持照者采用系统方法对核电厂的外部事件（IPE 和 IPEEE）进行检查，以确定严重事故隐患。持照者针对内部事件执行电厂特定的 PSA，并使用多种方法评估电厂对外部事件的隐患。NRC 审查了所有持照者对通用信函的回复，以确定持照者通过风险评估确定核电厂严重事故隐患的能力是否充分。由于鼓励在监管活动中使用 PSA 的政策和指南的制定，所有美国核电厂都有一个电厂特定的 PSA，该 PSA 能处理满功率运行时发生的内部事件。

NRC 使用风险分析的一个例子是消防安全规则（10 CFR 50.48），该规则允许许可证持有人自愿使用美国消防协会（NFPA）标准 805《轻水发电厂防火性能标准》的防火要求。NRC 与其他行业合作制定了此标准。标准规定了现有轻水核电厂采用基于性能的要求和基本防火设计元素的方法，以建立适用所有运行模式的防火系统。自愿替代的消防规则，将减少与确定性方法相关的监管负担，同时确保电厂维持安全的能力，并为许可证持有者的消防设施提供适当的灵活性。

NRC 使用风险分析的第二个例子是承压热冲击（PTS）规则（10 CFR 50.61，“防止加压热冲击事件的断裂韧性要求”），该规则最近使用风险分析进行了修订，以提供防止 PTS 事件的替代要求。在某些情况下，当容器加压时，PTS 会迅速冷却反应堆容器的内表面。根据目前对材料行为的理解以及对核电厂系统和运行特性进行现实建模的能力增强，NRC 认为，之前制定 PTS 规则的分析过于保守，因此 NRC 利用 PSA 对 PTS 规则进行了修订。修订后的规则允许反应堆持照者自愿采用 PSA 分析方法来确定 PTS 事件期间压力容器故障的概率。该修订方法利用了当前运行压水堆的研究数据，基于热工水力分析、断裂力学分析和 PSA 的综合研究结果。分析表明，除非在远远超过核电厂 40 年寿命之后，压水堆不会达到容易受到 PTS 故障影响的脆化水平。

（4）通用问题计划

1976 年 10 月 8 日，NRC 指示工作人员制订《解决通用问题和完成技术项目的方案计划》。并要求该计划应包括通用问题的任务解决时间表、任务优先级以及所需要的人力需求。1977 年 12 月 12 日，美国国会对 1974 年的《能源重组法》进行了修订，其中新增加的第 210 条如下：新增《未解决的安全问题计划》，要求 NRC 制订该计划，用于规范和分析与核反应堆有关的未解决的安全问题，并应对此类问题采取必要行动。这份计划应在 1978 年 1 月 1 日之前提交国会，并列入在其后的年度报告中。

NRC 工作人员制订了一个通用安全问题计划，计划规定了通用问题的确定、优先事项的分配、详细行动计划的制定、人力成本的预测、高级管理层对进展的持续监督，以及在问题进展过程中相关信息的公开等内容。该计划于 1978 年 1 月在

NUREG-0410 上发表，此后不久，NRC 发布了一份关于 “核电厂通用问题解决方案”的政策声明。

在 NUREG-0410 中发布的 NRC 通用问题计划比《能源重组法》第 210 节要求的“未解决的安全问题计划”要更广泛。它包括通用环境问题的解决方案，反应堆许可程序的改进，评价是否有要求过高的限制条件和在成本预算要求非常高的领域是否应降低设计标准等一系列问题。

例如通用问题 GI-191 提出了一个问题，在压水堆发生 LOCA 事故后，在应急堆芯冷却系统地坑滤网上积聚的碎屑可能导致堵塞并限制流向应急堆芯冷却泵的水流。作为对 GI-191 的响应，所有压水堆持照者增加了其安全壳地坑过滤器的尺寸，从而降低了碎片堵塞滤网的风险。因此，所有被许可方均采取措施缓解 GI-191 中最初确定的安全问题。在审查 GI-191 期间，工作人员发现了一个相关的问题，即可能通过集水坑过滤器进入反应堆堆芯的碎片。NRC 发布了通用信函 GL2004-02，“压水堆设计基准事故期间碎片堵塞对紧急再循环的潜在影响”，以解决这一问题。然而，经过广泛的测试和评估，工作人员确定，碎片通过滤网造成堆芯损坏的风险很低，并且不是需要持续关注的重大问题，因此，在 2019 年 7 月 23 日，工作人员发布了一份备忘录，结束了“通用问题 GI-191 ‘压水堆集水坑性能碎片堆积评估’”。

NRC 首次编制通用问题程序时主要基于工程判断。对未解决的通用问题要进行优先级排序，这个工作分为了两个阶段。

（a）1977 年，所有问题按重要性分为四类，从“重要”到“不重要”。

（b）1978 年年初，这些问题按照类型而不是重要性顺序重新划分为第 1 组到第 8 组。

1978 年年底，工作人员开始采取定量方法，利用风险评估将问题分为四类，从第一类（潜在的高风险项目）到第四类（与风险不直接相关的项目），工作人员在 1979 年年初推出了一套更为全面的量化体系。根据对安全重要性、环境重要性、许可有效性、截止日期等，为每个问题分配分数。虽然积分制仍然相当主观，但与以前使用的方法相比，它还是一个很大的改进。

三哩岛 2 号机组（TMI-2）事故发生后，提出了许多新的通用问题，工作人员研究后认为积分制过于主观，无法客观地对通用问题进行排序。三哩岛的 48 项行动计划之一就是要求 NRC 为通用安全问题的解决制订计划。工作人员开发了一种定量的排序方法，通过考虑和评估问题解决后是否能降低相关安全风险以及 NRC 和核电厂实施此类变更的成本，来为每个通用安全问题赋分。该方法于 1983 年 4 月提交给 NRC，经过审查后进行了改进，并于 1983 年 12 月批准使用。1993 年 4 月，在综合评估十年的应用经验之后，对赋分侧重进行了调整，包括提高安全风险的赋分分值和简化成本的计算方式等。NRC 发现只有 11%的中优先级问题和大约 50%的高优先级问题使监管方采取了相应措施，即大量资源用于解决问题，但没有带来安全方面的改进，因此对安全风险的赋分分值进行了提高。从过往的经验中得出风险重要性确实是优先级排序的主要因素，在安全成本权衡方面的作用比较有限，因此对成本计算的方式进行了简化。

通用问题计划的发展历程分为 3 个阶段，在 1999 年和 2007 年进行了比较大的更新。1983—1999 年，总共提出了 853 个通用安全问题，其中三哩岛行动项 369，任务计划行动项 142，人因问题 27，切尔诺贝利问题 32，核材料安全和核安保 22，新提出的通用问题 283，共处理了 836 个。每个问题都经过了 6 个步骤：问题识别、优先顺序排序、问题解决、强制执行、实施和验证。

问题识别：问题可由 NRC 工作人员、协会、核电工业或是公众来确定。NRC 提供了问题识别的程序和建议，公众可以根据程序提出潜在的通用问题，包括安全相关研究的评估、风险评估分析以及公众和行业关注的问题等。

优先顺序排序：确定问题优先级的目的是能将资源及时有效分配给有很大可能降低安全风险的安全问题，对安全没有太大意义的问题将不再进行审议。

需要优先处理的问题清单包括以下几组。

（a）在 NUREG-0660 中确定的用于制订的三哩岛行动计划项目的问题。

（b）任务行动计划中指定实施的问题，NUREG-0371 和 NUREG-0471 中确定的项目，以及未解决的安全问题（USI）。

（c）由员工或公众确定的新的通用问题。

（d）在 NUREG-0985 中确定的人因计划项目（HFPP）。

（e）NUREG-1251 中确定的切尔诺贝利问题。

问题解决：在确定问题的优先级并批准解决后，首先是制订工作计划，描述待完成的工作、分配主要责任、确定项目资源需求和各节点日期。这些活动的范围和深度根据问题的优先级和所掌握信息的深度而不同。其次是制定问题解决方案。最后，根据问题的调查结果考虑是否要提出 NRC 要求或变更技术指导等。通用问题的解决通常需要几个月到几年的时间。

强制执行：每个需要对问题进行反馈的电厂要根据问题解决方案制定的规则、政策、监管指南等要求，编制一份实施通用问题解决方案的时间表，并在 3 年内完成，这便于电厂在换料大修期间实施改造。在实施改造前 NRC 不要求审查电厂的修改计划。

实施：在改造完成后 30 天内，电厂应向 NRC 提供书面说明，证明已按照 NRC 的要求执行。

验证：首先，必须确定 NRC 有检查被许可人行动的权利。其次，如有必要，编制检查说明，以确保 NRC 在所有受影响的电厂的检查方式是一致和适当的。同时，NRC 应向检查人员提供经过准确和有深度的检查指导，以便这项工作在有限资源下能实现最大的安全效益。第三是实际核查，并将结果记录在检验报告中。

问题优先级分类采用四种优先等级：高、中、低、低低（HIGH，MEDIUM，LOW，and DROP）。

它们用于指导 NRC 资源的分配和解决各种问题的工作计划，以及其他相关因素，如：（a）评估解决问题需要的人力、物力资源；（b）解决问题需要的时长；（c）相同优先级的项目之间资源分配和调度；（d）受影响的反应堆的状态；（e）预算限制。高优先级意味着为了尽快解决问题可以作出大量的努力。这是因为：（a）可能涉及一个重要的安全问题，但这类问题一般不会严重到需要立即关闭核电厂；或（b）安全评估的不确定性比较大，且风险评估的上限值表明可能存在重要的安全问题。根据 NUREG-0705 中规定的标准，对所有未解决的高优先级问题进行定期审查，以便可能被指定为 USI。USI 是可能对很多核电厂产生影响的问题，这些问题会对电厂现有安全要求的充分性提出质疑，但又尚未有解决方案。中优先级不涉及需要高度优先关注的安全问题，但这些问题的解决会得到安全改进或降低安全分析的不确定性。在接下来的几年里会计划解决问题，但不能妨碍高优先级问题的解决。低优先级问题不涉及至少需要中等优先级关注的安全问题，几乎没有实质性和有价值的安全改进的前景。但 NRC 对现有的低优先级问题会进行定期审查，以确定是否有任何新信息需要重新评估。低低类别问题涵盖了没有价值或其重要性明显可以忽略不计的拟议问题，已经解决的优先级安全问题也被归为低低。优先级为低低的问题不再继续分析。分配问题优先等级主要涉及两个方面：（a）问题的安全重要性；（b）制定和实施解决方案的估计成本。

1999 年对通用问题程序进行了修订，通用问题的结局步骤变成了 8 个：问题识别、初步筛选、技术评估、法规和指南制定、法规和指南发布、实施、验证、结束。

问题识别：候选问题依然由 NRC 工作人员、行业、协会或公众来提供。

初步筛选：通用问题审评小组将对候选的通用问题进行评估，来判断该问题是否需要进一步分析和审评。

技术评估：（a）NRC 工作人员会对可能实质性增强核电安全和降低监管成本的问题进行额外审查；（b）确定是否应将这些问题指定为未解决的安全问题（USI）；以及（c）确定一个成本合适的问题解决方案。同时对于安全意义不大、成本不合理或是会增加不必要的监管负担的问题将不再进行分析。

法规和指南制定：要对涉及的设施或程序变更进行深入审查，来解决通用问题以及所需监管措施。必要时，技术评估阶段获得的技术结果将作为制定或修订规则、指南和程序的基础。在法规和指南制定阶段可以制定包括规则草案、管理指南、公告、通用信函、信息通知、新的或修订的检验程序等。

法规和指南发布：NRC 发布相关文件，明确描述涉及的设施或程序变更，可以更有效地解决相关问题。新的或修订的法规需要 NRC 的审查和批准。

实施：受影响的持照者或其他相关实体应采取必要的措施来关闭通用问题。当实施完成并正式通知 NRC，则该阶段完成。

验证：NRC 要对实施的有效性进行审计和检查，检查的内容根据通用问题的安全重要性和纠正措施的复杂性来决定，可以不对实施进行 100%的检查。

关闭：以上步骤全部完成后，该通用问题可以关闭，并要发布所有的最终验证报告。

2007 年对通用问题计划做了进一步的更新，对问题识别准则进行了确认。通用问题的评估阶段将仅解决符合以下标准的问题：（a）该问题影响公共健康和安全、防御体系以及环境；（b）该问题适用于两个或多个设施的许可证持有人，或其他监管批准的持有人，或无法通过其他监管计划和程序、现有法规、政策或指南或行业倡议等解决的问题；（c）问题可通过新的或修订的法规、政策或指南解决；（d）可以充分确定问题的风险或安全重要性，不需要长期研究和实验来确定风险或安全重要性或其他不确定性的问题；（e）问题定义明确、独立且具有技术性；（f）问题的解决可能会影响持照者的审查、分析或行动。（见表 5-1）

表 5-1　通用问题计划的改进

<table>
<tr><th colspan="2">通用问题解决步骤</th><th rowspan="2">最终改进</th></tr>
<tr><th>以前的通用问题计划</th><th>更新后的通用问题计划</th></tr>
<tr><td>问题识别：指定候选问题作为通用问题。
周期：1 个月</td><td>问题识别：应用筛选标准对候选问题进行筛选，只有符合筛选标准才会成为通用问题。
预计时间：2 个月</td><td>将确保一致性，所有问题使用相同的筛选标准：
涉及长期研究的问题将提供给适当的项目；
只有那些定义明确且独立，其他项目无法更有效地处理，以及现有法规、政策或指南未涵盖的问题会被筛选</td></tr>
<tr><td>技术筛选：评估风险或安全重要。
周期：2 年</td><td>安全/风险评估：使用增强的风险技术进行风险或安全评估。
预计时间：4 个月</td><td>涉及低风险或低安全重要性的问题将被排除在外；
在某些情况下，可能需要补充现有模型以执行风险评估（可能需要 4 个月以上）</td></tr>
<tr><td>技术评估：
确定监管方案；开发技术基础。
周期：8 年</td><td>监管评估：
确定监管解决方案；开发技术基础；进行适当的成本效益分析；发送至监管办公室进行监管产品开发。
预计时间：1～2 年</td><td>在可行的情况下，确定监管解决方案的早期邀请核工业利益相关者或其他利益相关者参与。
灵活的流程，允许使用所有可用工具，以确保及时解决通用问题</td></tr>
<tr><td>监管产品开发</td><td rowspan="4"></td><td rowspan="4">通用问题计划继续独立于其他监管流程，但会对其进行补充。
正式的通用问题将在技术评估阶段结束，技术评估为监管解决方案建立了技术基础，计划办公室开始监管产品的开发。
计划办公室将完成监管产品的开发，并确保其在通用问题之外的实施和验证</td></tr>
<tr><td>发布新的或修订的法规和/或指南</td></tr>
<tr><td>执行</td></tr>
<tr><td>验证</td></tr>
</table>

续表

通用问题解决步骤		最终改进
以前的通用问题计划	更新后的通用问题计划	
通过实施和验证，通用问题的解决过程持续进行。 总计时间：5～10 年	当确定监管解决方案的技术基础时，通用问题以监管评估结束。 预计时间：1～2 年	在大多数情况下，技术评估时间较短；没有长期研究。 在某些情况下，技术评估可能需要更长时间，因为可能会处理较为复杂的问题。 计划办公室将确保通用问题解决。 实施和验证过程将在通用问题计划之外进行

3. 美国监管政策与原子能机构 PSR 要素的对比

美国监管机构通过多样化的监管程序实现了 PSR 的评价目标：确认电厂与原计划一样安全；确认是否存在任何可能限制核电厂寿命的系统、设备和部件；用现行安全标准对核电厂进行评估，确定如何改进更有利于经济性。

NRC 通过许可证发放程序确保电厂在开始运营前已经通过了全面彻底的审查。通过对电厂的日常检查，进一步监督电厂的运行状况。这些独立检查的结果与客观的绩效指标数据相结合，以验证核电厂是否能继续安全运行。

NRC 通过日常检查管理能动部件的老化问题，通过许可证更新程序管理非能动部件的老化，该程序为非能动长寿命部件（例如，反应堆容器、电缆、埋地管道）制订了全面的老化审查计划。同时，运行经验程序为监管提供有力信息。

NRC 还要求核电厂不断升级安全标准，通过新的法规导则制定来施加新的要求。

表 5-2　PSR 安全要素与 NRC 程序的比较

IAEA NS-G-2.10 安全要素	相应的 NRC 监管活动
核动力厂设计 审查目的：确定设计及其文件是否符合现行国际标准和惯例	最终安全分析报告的定期更新和 NRC 检查例行。 专项检查。如部件设计基础检查：要验证初始设计和后续修改；监控所选部件的性能以及操纵员执行其设计基础功能的能力；每三年在每个设施执行；每年在各电厂花费了大量时间进行检查；要求持照者按照程序执行
构筑物、系统和部件的实际状态 审查目的：安全重要的构筑物、系统和部件的实际状态是否足以满足设计要求；确认 SSC 的状态已得到适当的记录	每个电厂的驻厂监督员进行日常监督； 区域检查（如维修规则）； 报告检查和运行经验审查； 每个电厂平均每年接受约 6 000 小时的检查
设备合格鉴定 检查目的：安全重要设备是否能在使用寿期内执行安全功能	部件设计基础检查： 检查设备部件是否退化； 验证部件更换是否与在役和设备鉴定寿命一致； 确认设备鉴定适用于所有条件下的预期环境
老化 审查目的：核电厂的老化是否得到有效管理，从而维持所需的安全功能；是否为未来运行制订了有效的老化管理计划	NRC 对许可证延续过程安全审查的重点是老化对安全重要 SSC 的影响。申请人必须证明他们已经识别并能够控制设备老化的影响，并且能在延长运行期间保持可接受的安全水平。 包括 NRC 检查、运行经验和通用信息审查
确定论安全分析 审查目的：当考虑到电厂实际设计、SSC 的实际状况、当前的确定性方法、当前的安全标准和知识等方面时，现有的确定论安全分析在多大程度上仍然有效。审查应能识别出与纵深防御相关的弱项	对于获得许可核电厂机组的初始选址，确定性安全分析的选择和评估应根据 10 CFR 第 100 部分"反应堆厂址标准"进行管理。 最终安全分析报告中总结了设计基准事故（DBA）分析，包括根据确定性安全分析保守计算得到的公众辐射剂量。 所有确定性基准事故分析模型均保存在更新的最终安全分析报告中。核电厂运行限制条件在核电厂技术规范中规定，并接受 NRC 的检查。 常规许可审查和检查能够确保分析是最新的
概率安全分析 审查目的：当考虑到电厂设计和运行的变更、新的技术信息、当前的方法以及新的运行数据等方面时，现有 PSA 电厂模型是否还有代表性	持照者针对内部事件建立了电厂特定的 PSA 模型，并采用了多种方法评估外部事件的隐患。 由于通用信函以及鼓励在监管活动中使用 PSA 的政策和指南的制定，所有美国核电厂都有一个电厂特定 PSA 模型，该 PSA 至少能解决满功率情况下发生的内部事件

续表

IAEA NS-G-2.10 安全要素	相应的 NRC 监管活动
灾害分析 审查目的：考虑到电厂实际设计、实际厂址特征、SSC 的实际状况、当前的分析方法、安全标准和知识等，分析核电厂对内部和外部危害防护的充分性	外部灾害作为核电厂初始许可时执行的设计基准事故评估的一部分进行评估。 内部和外部灾害相关的风险，由 NRC 工作人员在外部事件检查（IPEEE）的评估中进行审查。 为许可证延续而进行的严重事故缓解方案分析中，考虑了降低内部和外部事件风险的改进措施。 NRC 驻厂监督员定期进行巡检，以检查内部和外部危险。每季度和每年对恶劣天气、洪水（内部和外部）以及消防等方面进行检查。 业主会根据某些风险告知对电厂升级
安全性能 检查目的：从运行经验记录得到核电站的安全性能及其趋势	NRC 对行业安全性能以及持照者在法规和技术规范要求下的运行能力进行持续评估，评估通过反应堆监督程序（ROP）实施。 许可证持有人每季度向 NRC 报告性能指标（PI），NRC 定期审查 PI 数据以验证其准确性和完整性。检验内容和样本量根据电厂具体性能问题和行业运行经验来确定。 进行补充检查，验证持照者针对检查结果采取的纠正措施是否充分。对于运行事件会进行主动检查
其他核动力厂经验及研究成果应用 检查目的：是否有其他核电站的安全经验和研究成果的充分反馈	NRC 和核电厂共同编制和分析行业内的运营经验，并通过重大事件评估和信息网络来集中收集和筛选来自美国和其他国家核电站的所有事件。 NRC 运行经验程序（OPE）用于评估具有安全重要性和一般性的问题。评估的信息要及时与核工业共享来确保相关安全。 从运行经验程序评估中吸取的经验教训也包括与内部（例如驻厂监督员）和外部相关者（如持照人和公众）的沟通。例如 NRC 发布通用信函、通报重大事件的核与辐射事件分级，并按照国际原子能机构事故报告制度向公众报告。 运行经验程序识别出的技术问题(如泵性能等)由 NRC 技术评审小组（TRG）评审。每个 TRG 小组向运行经验工作人员提供一份书面报告，总结收到的信息、采取的措施和对未来行动的建议。 NRC 对持照者运行经验程序的有效性、重大事件评估和信息网络程序的使用以及 NRC 通用信函进行检查
组织机构和行政管理 检查目的：组织管理是否足以保证核电站的安全运行	ROP 整合了 NRC 的检查、评估和执行程序，评价持照者在核电厂运行安全方面的组织和管理的充分性。 通过 ROP 识别和评估交叉问题（即人员绩效、问题识别和处理以及有安全意识的工作环境。） 对电厂活动的持续检查和监测，评估持照者的绩效

续表

IAEA NS-G-2.10 安全要素	相应的 NRC 监管活动
程序 检查目的：程序是否满足恰当的标准	NRC 通过批准业主集团的通用指南和现场实施计划来确保程序的质量。 NRC 工作人员审查规程的编制程序。 在现场巡视正在进行的工作时，NRC 驻厂监督员会对程序的使用进行评估。 NRC 驻厂监督员会跟踪电厂的纠正措施，确定业主是否重视解决和预防与程序开发、维护、使用相关的问题
人因 检查目的：可能影响核电站安全运行的各种人为因素的状态	在三哩岛事故发生后，所有业主必须在 NUREG-0700（人机界面设计评审指南）和 NUREG 0711（人因工程程序评审模型）的指导下，通过详细的控制室设计审查来审查人为因素。许可证修订由 NRC 工作人员使用相同的指导文件和 NUREG-1764（行为变化审查指南）进行审查。 10 CFR 第 55 部分规定了向操纵员和高级操纵员颁发许可证的程序和标准。操纵员上岗前必须完成 NRC 批准的通用培训计划，身体健康，并通过严格的考试。 当与人因相关的问题开始在任何电厂出现负面趋势时，ROP 提供了一种早期干预机制。 NRC 工作人员根据人为因素信息系统，以行业为基础，对人因问题及其根本原因进行趋势分析
应急计划 检查目的：运营组织是否有足够的计划、人员、设施和设备来应对紧急情况，运营组织的安排是否与地方和国家系统充分协调，并定期演习	NRC 定期参与持照者相关的应急演习。 NRC 定期检查执照者的应急准备计划
辐射环境影响 检查目的：运行组织是否有足够的程序来监督核电站对环境的辐射影响	每个电厂的运行许可证都包含了环境监测，包括对直接辐射、气载放射性、食品和水中等放射性的监测。 区域检查专家对辐射影响进行例行检查。 持照者需分析监测结果（包括与运行前环境监测数据的比较），并在其年度运行环境监测报告中报告与以前趋势数据相关的分析。 如果环境中的放射性水平超过报告阈值，持照者将通知 NRC 偏差。报告可在 NRC 网站上公开

第六章　英国的定期安全评价

我们的使命是通过确保核设施安全运行来保护社会。

——英国核监管办公室

第一节　核电厂概况

英国是全世界最早发展核电的国家之一，位于坎布里亚郡的Calder Hall 核电厂是全球第一座商用核电厂，这也是其后英国一度大量建造的 Magnox 堆型核电厂的原型堆。但由于 Magnox 堆型的核电厂建造时间都非常早，他们中的绝大多数都已经达到了设计寿命，正渐次退役。

2017 年 1 月，英国符合《核安全公约》第 2 条的定义的 15 个运行反应堆，由 14 个 AGR 和一个压水堆组成，位于英格兰和苏格兰境内的 7 个核电厂，EDF 能源公司是唯一的许可方，如图 6-1 所示，其关键参数见表 6 1。

20 世纪 90 年代末，核电占英国年总发电量的 25%左右，随着老旧电厂的关闭、老化问题影响电站的可用性，这一比例逐渐下降。2017 年，英国发电量为 338 TW 时，其中核能为 70 TW 时，占比为 21%。二十年以来，英国核电占比缓慢下降了 4%，主要原因是核电厂的老化问题。

英国国家电网对核电的重视在 2017 年 7 月得到了加强。预计到 2050 年英国将达到 85 GW 峰值需求，其主要设想是到 2035 年，新建核电厂装机可达到 14.5 GW；2050 年，核电供应量将占需求量的 31%。目前英国 15 座在运行的反应堆总容量为 9.5 GW。英国民用核电反应堆的关键参数如表 6-1 所示。

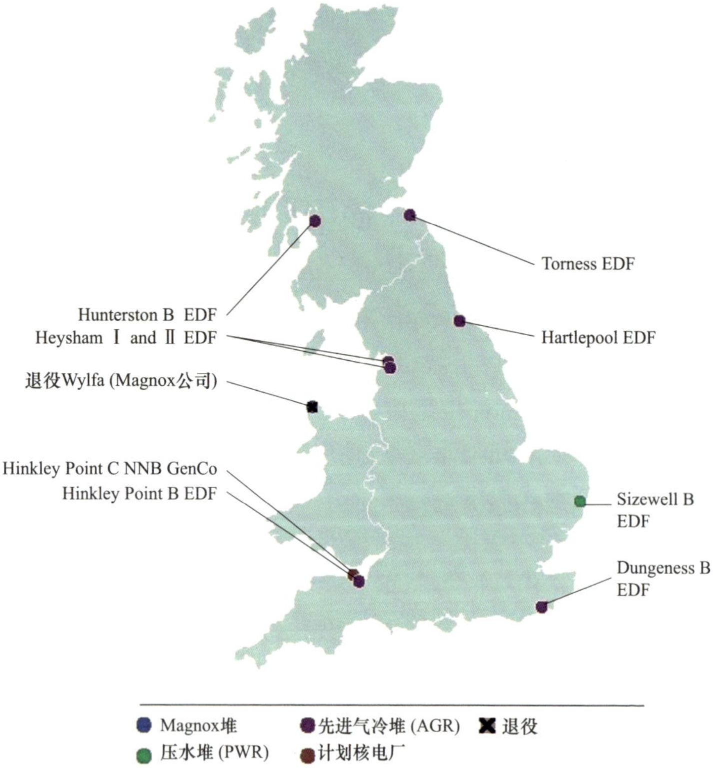

图 6-1　英国运行反应堆的分布图

（包括 Wylfa 的卸料反应堆和 Hinkley Point C 的计划反应堆）

表 6-1　英国民用核电反应堆的关键参数

核装置	Dungeness B	Hartlepool	Heysham 1	Heysham 2
被许可人	EDF	EDF	EDF	EDF
反应堆类型	AGR	AGR	AGR	AGR
反应堆数量	2	2	2	2
第一次功率运行	1 983	1 983	1 983	1 988
反应堆热功率/MWth（每堆）	1 550	1 575	1 575	1 700
发电机功率/MW（每堆）	585	640	630	670
总输出/MW（每堆）	520	590	580	610
核燃料	二氧化铀	二氧化铀	二氧化铀	二氧化铀
燃料包壳	不锈钢	不锈钢	不锈钢	不锈钢
慢化剂	石墨	石墨	石墨	石墨
反应堆堆芯 燃料通道 每个通道的组件 燃料销/ 装配	408 7 36	324 8 36	324 8 36	332 8 36
冷却剂	二氧化碳	二氧化碳	二氧化碳	二氧化碳
冷却剂安全壳	PCPV	PCPV	PCPV	PCPV
冷却剂压力/bar	30	42	42	42
冷却剂最大值温度/℃	650	660	660	660
汽轮机进口压力/bar	163	159	159	159
汽轮机进口温度/℃	555	517	547	538
总的电功率/MW	1 170	1 280	1 260	1 340
核装置	Hinkley Point B	Hunterston B	Torness	Sizewell B
被许可人	EDF	EDF	EDF	EDF
反应堆类型	AGR	AGR	AGR	PWR
反应堆数量	2	2	2	1
第一次功率运行	1 976	1 975	1 988	1 995

续表

核装置	Dungeness B	Hartlepool	Heysham 1	Heysham 2
反应堆热功率/MWth（每堆）	1 320	1 320	1 700	3 425
发电机功率/MW（每堆）	525	530	645	1 260
总输出/MW（每堆）	475	480	595	1 198
核燃料	二氧化铀	二氧化铀	二氧化铀	二氧化铀
燃料包壳	不锈钢	不锈钢	不锈钢	Zr-4
慢化剂	石墨	石墨	石墨	水
反应堆堆芯 燃料通道 每个通道的组件 燃料销/ 装配	308 8 36	308 8 36	332 8 36	193 264
冷却剂	二氧化碳	二氧化碳	二氧化碳	水
冷却剂安全壳	PCPV	PCPV	PCPV	不锈钢 PV
冷却剂压力/bar	41	40	43	150
冷却剂最大值温度/°C	583	583	660	323
汽轮机进口压力/bar	126	126	159	67
汽轮机进口温度/°C	435	435	538	283
总的电功率/MW	1 050	1 060	1 290	1 260

注：

不锈钢 PV：焊接钢制压力容器。PCPV：预应力混凝土压力容器。

AGR 每个通道有一个燃料组件，有 8 个元件。

海瑟姆 1 号机组目前仅能以 84%的功率运行（8 台锅炉中有 7 台在运行）。

Heysham 1 号和 2 号在一个场地许可证上独立运营。

第二节　法规体系

英国作为核安全公约的缔约国制定并维持用于管理核设施

安全的立法和监管框架，包括：合适的国家安全要求和法规；核设施许可证制度；核监管检查评估制度。

英国有一整套符合国际法律要求的一级和二级立法。

1. 一级立法

英国政府的政策是在适当的情况下或在有法律义务的情况下，就制定或修订监管要求进行磋商。这是英国制定或修订监管要求过程中不可或缺的一部分，适用于立法（法案和法规）和其他措施，如核电站许可条件和关键指导文件（如 ONR 的 SAP）。

2013 年能源法

《2013 年能源法》规定了将 ONR 设立为法定机构，确立了其宗旨、权力和职能。ONR 的目标是与管理核安全、核场地常规（工业）健康和安全、民用核安全、核保障和放射性材料运输有关。允许制定和核安全、安保、保障和放射性材料运输相关的“核法规”。规定了 ONR 任命检查员的权利，并为这些检查员提供了类似于 HSWA74 规定的权利。这些权利包括进入场所、保存证据、取样、接受个人陈述，通过发布正式通知等强制执行的权利。也可以使用 HSWA74 授予检查员的权利来执行核安全检查。

1974 年《工作健康与安全法》（HSWA74）

根据 HSWA74 的规定，所有雇主和自营职业者都有义务在合理可行的范围内（SFAIRP）确保其雇员以及受其工作活动影响的员工的健康和安全。该法案还设立了一个法定机构 HSE，ONR 在 2014 年 4 月之前一直是该机构的一部分。HSWA74 的一个重要规定是，它允许以法规的形式制定二级立法。根据这项立法，ONR 拥有强制执行权。

1965 年核设施法（NIA65）

1965 年《核设施法》（NIA65）规定，除非 ONR 颁发的核设施许可证目前有效，否则任何场地不得用于安装或运行核设施。只有注册的法人团体才可转让或持有注册牌照。NIA65 中与安全和许可相关的部分是 2013 年《能源法》的“相关法定条款”，由 ONR 根据本法规执行。

NIA65 的一项重要规定是，它要求并允许 ONR 在现场许可证上附加其认为适合安全或放射性废物管理的条件。根据法律，不遵守许可证条件是违法的。

《1993 年放射性物质法》（RSA93）和《2010 年环境许可（英格兰和威尔士）条例》

直到 2010 年 4 月，环境署和国家环保总局都根据《1993 年放射性物质法》（RSA93）对核许可场地上或来自核许可场地的放射性废物处置以及承租人在核许可场地上储存和使用放射性材料进行了管理。在英格兰和威尔士，RSA93 的许可要求现已纳入《2010 年环境许可（英格兰和威尔士）条例》（EPR10）。EPR10 并没有实质性地改变放射性物质法规。

EPR10 和 RSA93 规定的放射性废物处置包括向环境排放放射性废物、焚烧固体或液体放射性废物、掩埋固体放射性废物或将放射性废物转移到另一地点。环境署和 NRW 颁发的许可证和 SEPA 的授权中的条件控制了可处置的放射性废物的类型和数量、可能使用的处置路线，并要求尽量减少放射性废物的产生。在管理制度、维护、监测和记录保存方面也规定了条件。

核许可场所经营者持有的许可证可以全部或者部分转让。只有当环境署、NRW 或 SEPA（视情况而定）确信受让人将拥有营运控制权，并且愿意并能够确保符合许可证的现有条件，才可以批准此类转让。

2004 年能源法

2004 年《能源法》规定，在 2005 年 4 月成立核退役管理局（NDA）。该公司接管了指定民用核设施（包括由 Magnox 有限公司经营的厂址）的退役责任，并通过与运营商签订的待退役民用合同运营。

2008 年能源法

《2008 年能源法》对核设施运行期间的废物管理和处置作出了规定，并对资助的退役计划（FDP）提出了要求。FDP 为废物的处理、储存、运输和处置以及发电站的退役和场地清理。它还规定了如何为场地的退役和清理提供资金。

2. 二级立法

核设施应遵守根据 2013 年《能源法》制定的核法规外，还必须遵守根据 HSWA74 制定的非核安全特定法规。适用于核设施的主要规定如下。

电离辐射法规（1999 年）

《1999 年电离辐射条例》(IRR99)补充了核场地许可证制度，该条例规定保护所有工人和公众成员，无论是在许可场地或其他地方，免受电离辐射。IRR99 执行欧洲理事会（EC）指令中关于建立基本安全标准的部分内容，包括为雇员和公众成员设定所有涉及电离辐射的活动的辐射剂量限值。IRR99 还执行欧共体指令 90/641/Euratom，该指令涉及在受控区域活动期间暴露于电离辐射风险的外部工人的操作保护。

1999 年核反应堆（退役环境影响评估）条例

核反应堆（环境影响评估《1999 年退役）条例》(EIADR99）执行了根据欧盟指令 85/337/EEC（修订为指令 97/11/EC），对核电厂和核反应堆退役的环境影响评估的要求。在核反应堆或核电厂退役或拆除之前，持照人必须向 ONR 申请同意，进行环境影响评估（EIA）并提供环境声明。

ONR 全权负责监管和管理 EIADR99 的所有方面。当 ONR 收到核电厂或核反应堆退役申请时，需要就环境影响评估进行公众咨询。在这一过程中，环境署和其他一些监管机构是法定顾问。环境机构和其他利益相关者对环境影响评估进行详细的同行评审和评估，并将其提交给 ONR。ONR 基于咨询期间收到的意见，告知其是否同意的决定。

2001 年《辐射（应急准备和公共信息）条例》

《2001 年辐射（应急准备和公共信息）条例》（REPPIR）实施了 EC 指令 96/29/Euratom 中的辐射应急。还部分执行欧共体指令 89/618/Euratom，向公众通报发生紧急情况时应采取的健康保护措施和步骤。辐射紧急情况的定义是：在紧急情况发生后的一年内，可能导致任何公众成员受到 5 毫希沃特（mSv）的有效剂量的事件。

1999 年工作健康与安全管理条例

《1999 年工作健康与安全管理条例》（MHSWR99）对雇主和核电厂许可证持有人提出要求：评估其活动的健康和安全风险；作出、实施及记录适当的健康及安全安排；确保向其雇员提供适当的健康监测；委任足够数目的合资格人士，协助他们遵守健康及安全法例；建立并实施发生严重或迫在眉睫的危险时应遵循的程序。

向员工提供以下内容：对其健康和安全的风险；预防和保护措施；发生严重或迫在眉睫的危险时所需的程序；以及指定执行疏散程序的人员；与其他雇主合作，以履行法定的健康和安全义务，包括提供健康和安全信息；及确保员工在考虑其能力的情况下，接受适当的定期重复的健康和安全培训。

2016 年健康安全和核（费用）条例

《2016 年健康与安全与核（费用）条例》规定，ONR 就评估任何新核设施的提案而收取工作费用。这包括由 ONR 评估的与装置施工、调试、运行和停运有关的所有事项。这些费用适用于在根据 NIA65 申请核设施许可证之前与特定设计方案相关的评估工作。

欧洲原子能机构——核安全指令国际条约、公约或协定规定的义务

2009 年 6 月 25 日欧盟指令 2009/71/Euratom［“核安全指令”（NSD）］建立了核电厂核安全的共同体框架，于 2009 年 7 月 2 日发布，并于 2011 年 7 月 22 日在英国实施。该指令建立了一个共同体框架，以维持和促进核安全及其监管的持续改进，并确保高水平的安全，以保护工人和公众。

英国提交《核安全公约》的第五次报告中，报告了英国如何利用 NIA65 规定的许可证制度和许可证条件遵守该指令。

2014 年 7 月 8 日通过了理事会第 2014/87/Euratom 号指令，修正了指令 2009/71/Euratom，该指令建立了核设施的核安全共同体框架，并将于 2017 年 8 月 15 日前由所有欧洲原子能机构成员国实施。这项新指令是欧洲原子能共同体在福岛核事故后制定的，是欧洲原子能共同体应执行并不断改进核安全的最高标准。

欧洲原子能机构——基本安全标准指令

1999 年 5 月 13 日通过的欧洲原子能委员会第 96/29 号指令规定了保护工人和公众健康免受电离辐射危害的基本安全标准［基本安全标准指令（BSSD）］。理事会第 2013/59 号指令合并并废除了第 96/29 号欧洲原子能共同体、89/618/Euratom、第 97/43 号欧洲原子能共同体和 2003/122/Euratom 的指令。包括英国在内的欧盟成员国必须在 2018 年 2 月 6 日前执行 2013 年指令。

HSE 对实施 BSSD 职业和紧急暴露方面所依据的立法负有政策责任。ONR 在核设施（许可和国防）上执行该法规。环境机构通过 RSA93 和 EPR10 执行指令中有关保护公众健康和与放射性废物管理相关的环境的规定。

欧洲原子能共同体条约——一般条款

环境机构还代表英国政府协调《欧洲原子能共同体条约》相

关条款的交付。包括以下职责。

（1）《欧洲原子能共同体条约》第 37 条规定，在发放放射性废物处置许可证之前，联合王国应向欧洲联盟委员会提供有关任何放射性废物处置计划的一般数据。这一信息有助于确定任何此类计划的实施是否会对另一成员国的水、土壤或空气空间造成放射性污染。

（2）《欧洲原子能共同体条约》第 35 条和第 36 条要求遵守监测欧洲环境中放射性的措施，并向欧共体提交数据。

发牌制度

ONR 的许可授权来自 NIA65。这需要核反应堆场地，而根据 1971 年《核设施条例》规定的任何装置，除非 ONR 已授予场地许可证，否则不得安装或运行。NIA65 还要求 ONR 在许可证上附加其认为安全所需的条件。对于影响核许可场地上放射性废物管理的事项，ONR 考虑到相关环境监管机构的利益——英格兰环境署、SEPA 或 NRW。

这些授予许可证和附加条件的权力被授予 ONR。不遵守工地许可证所附条件即属犯罪。

许可证条件

ONR 已经颁布了 36 个标准许可条件（LCs），共同构成了要求高标准核安全和放射性废物管理的法律基础。这些条件不是规定性的，但为管理和保证核安全的所有方面设定了目标。各持照人可制定最适合其活动的许可条件，同时证明安全管理得当。随着设施从初始设计到最终退役的整个寿期，这些安排可能会发生变化。被许可人必须遵守条件和他们自己的合规安排。虽然这一制度给被许可人以灵活性，但它在核设施中确保了高标准，而无需规定或要求监管机构制定详细的规则。许可证条件为 ONR 的有效监管提供了基础。根据许可证授予 ONR 的权利由 HSWA74 关于核安全和常规（工业）健康和安全以及 2013 年《能源法》

（如上所述）的强制检查和调查权作为补充。

3. 定期安全评价相关的要求

（1）欧洲原子能共同体（Euratom）理事会第 2014/87/Euratom 号指令

该指令中 ONR 强调对实现以下条款的监管要求。

第 8a 条　核设施的核安全目标

成员国应确保国家核安全框架要求核设施的设计、选址、建造、调试、运行和退役，以防止事故发生，并在事故发生时减轻并避免其后果：

（a）早期放射性释放需要场外应急措施，但时间不足以实施它们；

（b）大量的放射性物质释放，需要采取不受地域和时间限制的保护措施。

第 8c 条　初步评估和定期安全评价

成员国应确保国家法律框架要求：

（a）建造核设施或运营核设施的任何许可证的授予，均以适当的场地和设施具体评估为基础，包括根据第 8a 条规定的目标，就国家核安全要求进行核安全示范；

（b）许可证持有人在主管监管机构的监管下，至少每 10 年对规定核设施的安全性进行系统和定期的重新评估。目的是以第 8a 条规定的目标作为参考，确保符合当前的设计要求。并通过考虑老化问题、运行经验、最新研究成果和国际标准的发展情况，确定进一步的安全改进措施。

（2）核安全技术评估导则（NS-TAST-GD-050 Revision 7）

核监管办公室制定了《安全评估原则》，适用于核监管办公室专家监督员对可能由潜在许可证持有者、现有许可证持有者或其他责任人运营的核设施的安全案例进行评估。导则用于协助监督员开展技术评估工作，作出监管判断和决定。核安全技术评估导则是这些导则之一。

目的是协助核监管办公室（ONR）监督员判断许可证持有者根据许可证条件（LC）15 作出的安排和输出是否充分，（LC）15 要求许可证持有者定期审查安全案例。

导则中，“PSR”这一特定术语被用来表示十年一次的审查。指南中还包括应进行的频繁中期或持续审查。导则的依据来自 LC15，主要是 15（1），其目的是确保许可证持有者作出并实施适当的安排，定期和系统地审查和重新评估安全案例。LC 对安全案例的另一项要求是，对于任何可能影响安全的操作，都要确定有利于安全的限制和条件（LC23）。因此，PSR 应证明这些限制和条件是充分的，而且至少在下次审查之前都会如此。其他一些许可证条件也与此有关，例如 LC14（安全文件）、LC22（对现有电厂的改造或试验）和 LC36（组织机构变化的控制）。导则有助于执行欧洲原子能共同体（Euratom）理事会的第 2014/87/Euratom 号指令。《核设施安全评估原则》提供了一个框架，以指导核许可过程中的监管决策。该原则得到《技术评估导则》的支持，进一步帮助决策过程。

SAP 包括关于安全案例监管评估的一节，其中有关于安全案例流程（SC.1 和 SC.2）、安全案例特点（SC.3 至 SC.6）和安全案例管理（SC.7 和 SC.8）的原则。虽然这些 SAP 不是专门针对 PSR 的，适用于正在审查或因审查而修改的安全案例。SAP 文件还简要地提到了与 PSR 直接相关的某些方面，例如按照早期标准建造的设施和老化。SAP 还提到了持续改进和 PSR。

通过比较各国适用国际原子能机构（IAEA）安全标准的方法，制定欧洲核安全的通用方法。为此，WENRA 制定了反应堆、退役和废物管理以及乏燃料储存的安全参考水平（SRL）。反应堆安全参考水平只适用于现有的民用核反应堆；退役安全参考水平适用于所有类型的核设施，涵盖所有阶段。贮存 SRL 适用于将放射性废物或乏燃料贮存相当长一段时间的设施。英国是 WENRA 的成员，已正式签署了 SRL，WENRA 关于反应堆 SRL 的报告直接涉及 PSR，关于老化管理的问题也要求 PSR 确认是否正确考虑了老化和磨损机制。WENRA 关于废物和乏燃料贮存和退役的报告中的 PSR 要求也纳入本导则。

IAEA 的《核电厂运行安全要求》阐述了对核安全审查的要求，所有这些要求都包括在 WENRA 的 SRL 中。原子能机构的安全要求文件指出，PSR 的目标是通过综合评估确定：为确保核电厂安全而作出的安排以及构筑物、系统和部件（设备）的充分性和有效性，直至下一次 PSR 或在适当情况下直至计划运行结束（若核电厂将在下一次 PSR 到期前停止运行）；核电厂符合现行国家和/或国际安全标准和运行惯例的程度；安全改进措施及其实施时间；安全文件（包括许可证依据）仍然有效的程度。虽然这些标准是针对核电厂的，但所采用的基本理念和原则可适用于所有核设施。IAEA 的安全标准（要求和安全导则）作为 2006 年和 2014 年修订 SAP 的基准，被 ONR 确认为相关的良好实践，评估员应参考这些标准。

根据国际原子能机构的导则意见，PSR 的目的是通过全面评估确定：核设施和安全案例符合现行标准和良好实践的程度；安全文件（包括许可证依据）仍然有效的程度。与其他一些拥有更多规范性监管制度的国家不同，英国没有为许多目前正在运行或正在退役的核电厂建立正式的“许可证依据”。在某些情况下，许可证的发放是以某些持续的安排为前提的，例如，提供支持性的技能和设施或分享剂量测定记录保存安排。PSR 应确保这些安排仍然存在或已被适当的安排所取代；是否有足够的安排来维持安全，直到下一次 PSR 或寿期结束；为解决安全问题，将实施安全改进。

安全案例不应局限于设计基准事件，还应考虑核电厂、工作人员和程序对设计基准以外事件的应变能力。

① PSR 的原则要求

作为公司风险管理办法的一个组成部分，应记录 PSR，在结构上便于许可证持有者的不同管理和业务层面使用。不应只针对监管者，审查应该是广泛的、开放的和具有挑战性的，绝不仅仅是对安全的断言。审查需要包括组织机构和管理系统（人员和流程）以及核设施的技术方面。即包括所谓的“软性问题”，如领导力和文化，这些问题可能对安全产生深远的影响，核部门和其他部门的重大事件的教训证明了这一点。

PSR 的主要要求可归纳如下。

（a）系统地审查某项核设施当前的全部安全案例，以确认它仍然是适当的，或更新和重新确认安全案例，以涵盖下一次 PSR 之前的时期。

（b）系统地审查安全方面的领导和管理（L&MfS）安排和实践。这应该是一种自我批评式的审查，而不仅仅是对流程和文件（标准、期望、程序等）的描述。审查应与核安全相关，并表明 L&MfS 安排和做法是适当的，并与持照者正在进行的具体危害、风险和活动相称。

（c）展望至少未来十年的计划运行情况，并系统地审查核设施的整个剩余寿命，包括运行后清理和退役。PSR 应确定并提出建议，以解决任何可能危及核设施未来安全或其运行的合理可预见的情况。

（d）确保在核设施提供的安全功能无法通过替代手段提供的情况下，应考虑预先审查，如果发现原有设施或设备在未来某个时候无法使用，设计、建造和调试或采购替代设施或设备可能需要的时间，即安全功能不得中断。这一点尤其适用于放射性废物仓库，以及无法通过关闭这些仓库来消除危险的其他设施。对于含有大量核物质的仓库，PSR 需要考虑到回收之前的整个时期。

（e）确定安全改进措施，并说明将在合理可行的范围内及时实施这些措施。如果没有改进计划，支持性的材料应考虑到提交 PSR 时设施、设备、活动等的实际状况，以及在下一次 PSR 之前设施、设备、活动可能恶化的情况。

② PSR 的范围

PSR 的范围和结构由持照者决定，但必须符合本导则中规定的 ONR 的要求，以及国际良好实践，除非持照者能证明有理由采取其他办法。审查前应明确界定范围，并应与 ONR 分享，以确认它们符合监管要求。PSR 的范围应符合上述目的和主要要求。它不应局限单个设施的范围，应考量承认全公司或公司政策、标准、程序和实践的影响（例如公司核安全政策、安全文化原则、安全标准实践的领导和管理、全公司学习活动和改进计划）。

PSR 应包括：相关标准、规章、标准和方法的变化（包括经审定的情况或范围的可能变化）；技术的变化（如研究成果、检查技术）或知识的变化（如运行经验、组织学习）；组织结构和资源的变化及其累积影响；领导和管理部门对安全工作的安排和实践的变化；对设施、设备或运行模式的修改；监测和监视数据，以确定任何可能影响安全的构筑物、系统和部件的老化或退化过程或过时问题；以往审查（包括 PSR）提出的建议落实情况。

PSR 应确定审查所依据的相关现行标准和良好实践；审查期间确定的按安全重要性分类的改进措施的清单和解释；实施合理可行的改进措施以加强安全的工作方案；确定下一次 PSR 的到期时间；监管部门希望每 10 年进行一次 PSR，持照者根据审查结果可能会决定更早地进行 PSR。在特殊情况下，许可证持有者会说明两次 PSR 之间的时间间隔较长的理由；上述清单并非详尽无遗，可能还需要考虑其他方面：例如，核电厂 PSR 的议题清单。

PSR 应是对安全案例的全面和系统审查，而不是重新编写案例（尽管后者可能是 PSR 的一个结果）。由于适当的安全案例的范围与设施的危害和风险相称，因此，PSR 也必须与这些危害、风险和设施的任何变化程度相称。ONR 对 PSR 的评估在确定评估工作的范围时，应考虑到风险和灾害。

③ PSR 范围的详细要求

PSR 应确定是否有系统和有效的老化管理大纲；是否已作出适当安排，以在今后的核电厂运行中发挥必要的安全功能；是否有任何会限制核电厂寿命的特征。应审查老化管理的技术方面（如老化管理方法；对相关老化退化机制的理解程度；任何 SSC 的具体验收标准、旨在控制老化退化速度的运行指南、老化检测和缓解方法；以及 SSC 的实际状况）和实施这些管理所需的管理安排（如政策、程序、性能指标、人员配置、资源和记录）。PSR 应强调在下一次 PSR 之前需要注意的任何老化特征。然后，持照者应确保在适当的中期审查期间解决这些问题。

许可证持有者通过设施走访等方法安排 PSR，确保安全案例中假设的设施配置和条件反映设施的实际状况。审查应采用最新的、系统的和有记录的方法，同时考虑确定论和概率论评估。应考虑安全案例适用的运行模式，如在维修、换料和停堆/启动活动期间的运行模式，以确定是否产生增加的或不可接受的风险水平。应审查运行指令、警告通知、培训大纲和支持安全运行的其他方面的安排是否充分。应确保进行 PSR 时，将具体设施的工程、安全评估和运行方面的专业知识相结合。应进行独立审查，包括所编制的文件和所采用的程序。此外，还应规定明确的管理责任线，包括安全案例负责人和负责监督 PSR 并对调查结果和改进方案负责的人。

对于多个核设施的厂址，PSR 的范围需考虑到整个厂址的服务（如电力服务、应急服务），以及对核设施安全很重要但未包括在核设施 PSR 中的任何其他事项（如一个设施对另一个设施的安全影响）。这类“全厂 PSR”可以与公司 PSR 的概念相结合，以涵盖比单个核设施更广的方面。需要解决的全厂主题包括：对共用服务以及其他设施的依赖性；证明所有可能影响现场安全的操作都有安全案例处理；辐射防护；应急计划；放射性废物和环境影响；现场的总体危害和风险，特别是外部危害。

PSR 应审查并说明许可证持有者的组织机构是否持续充分，包括对组织机构或可用资源的变化的控制，因为这些变化可能影响安全。由于近年来核工业发生了许多组织机构的变化，而且这些变化很可能会持续下去，因此，PSR 必须涵盖诸如技术支持能力（特别是保留核心能力、设计权和“智能客户”能力）、人员配置水平和能力、接班人计划、承包商管理以及从经验中学习（事故和安全性能）等领域。PSR 应考虑持照者的组织机构和可用资源是否足以满足其当前和未来的需求，包括在适当情况下与其他组织机构进行基准比较。这可能会导致重新定义持照者的“基线”。

对于拥有多个场址或设施的持照者来说，实现适当覆盖的方法之一是编制一份“公司 PSR”，以审查企业/公司范围的各个方面。然后，特定场址或设施的 PSR 可以参考和借鉴“公司 PSR”中的信息，审查公司的政策、标准等在有关厂址或设施中的执行情况。

随着设施的老化和正常运行寿命的结束，应扩大 PSR 的退役范围并增加其细节。早期的 PSR 应集中在技术战略上，并利用设计规定概述退役计划。之后，随着退役的迫在眉睫，PSR 应解决诸如详细的退役计划、其与废物管理战略的结合以及退役安全管理系统等问题。

PSR 应考虑产生的放射性废物或乏燃料的储存设施的需求和可用性，确定处置路线。可能超过正常的十年窗口期，需考虑对额外储存能力和相关处理设施的潜在需求。对于不能关闭的设施（具有战略功能），PSR 应考虑其整个预计寿命期间相关设施可能出现的安全问题。

许可证持有者无法提供充分的安全案例，以涵盖随后的整个运行，直至寿期结束或下次审查。例如，这可能是由于对电厂老化和降级机制的认识有限，因为电厂达到的寿期超过了行业经验。在这些情况下，许可证持有者必须制定一个较长期的安全管理策略，直到寿命结束或下一次 PSR（以较早者为准）。该策略应包括：证明继续运行是适当的和可接受的，即未能达到受影响的限度或条件不会造成不可接受的风险，而且已经实施了所有合理可行的办法来防止或减轻这种风险，除了工程或程序上的改进外，这可能包括以减少风险的模式运行；管理（和减少）不确定性和风险的程序，包括（但不一定限于）持续的监测和审查活动；任何必要的补充研究；保守的应急计划。

④ PSR 的周期性

许可证持有者负责决定何时进行 PSR，PSR 之间的间隔不应超过 10 年（除非与 ONR 另有约定）。持照者必须执行 PSR，但 10 年的期限并非明确的法定要求。根据国际经验，合理的做法是在设施开始运行约 10 年后执行一次 PSR，然后每隔 10 年再执行一次 PSR。考虑到以下因素，10 年被认为是一个适当的时间间隔：国家和国际安全标准、运行实践、技术、基本科学知识或分析技术的变化；工厂改造的累积效应可能对安全或安全文件的可获得性和可用性产生不利影响；重大老化影响或趋势的识别；积累相关运行经验和组织学习；设施运行方式的变化，或将会发生的变化；设施和/或持照者组织机构的领导、管理结构和实践的变化；组织机构的结构、人员配置水平或员工经验的变化；

设施周围的自然、工业或人口环境的变化。

两次 PSR 之间的时间，或从实施安全案例到第一次 PSR 之间的时间，应是 10 年。在没有任何其他要求的情况下，新电厂第一次 PSR 应在反应堆装入燃料后 10 年内完成，或非反应堆电厂开始主动试运行后 10 年内完成。

持照者可出于与 PSR 无关的原因，选择重新编写安全案例。例如，不再运行的场址一旦达到减少危险的重要阶段性目标（例如，完成卸除燃料），就可以提出新的安全案例。如果新安全案例的编制工作已审查了进行 PSR 所需的所有方面，ONR 可认为修订后的安全案例可替代 PSR。下一次的安全案例审查将在修订后的安全案例正式通过后的 10 年内进行。

持照者也可能在到期日之前早早地就提交了一份 PSR。例如：老化机制需要更频繁的审查；运行经验或标准的重大变化表明，提前审查可能是审慎的做法；运行中发生重大变化，如退役。

⑤ 连续审查或临时审查

开展安全的持续或临时审查，包括 PSR 的主要要求和范围，可以更早地发现潜在的问题，在 10 年一次的审查中出现的重大问题也较少。这种方法所需的资源较少，使持照者在管理资源和其他运行大纲要求方面具有更大的灵活性，并没有取消对 10 年一次的 PSR 的要求。PSR 可考虑到已进行的持续或临时审查，并参考这些审查的主要结果。但是 PSR 必须考虑未来 10 年的安全情况，这是单独进行的个别审查做不到的。如果许可证持有者选择采用持续或临时审查流程，他们需要确保在适当的时间范围内实施已确定的改进措施，而不能进行不必要的拖延（例如，直到编制 10 年期 PSR）。在两次主要审查之间可能发生重大变化的系统或部件，应进行临时审查。临时审查可能导致下一个预定的 PSR 日期提前。持续或临时审查后将更新设施或场址安全案例和其他相关文件（如程序、组织机构）。若没有及时更新现有安全案例，可能需要采取其他措施，以提高安全案例的可用性。

LC15 下的安排应包括临时审查，以确保考虑所有修改和变化的累积影响，从而使安全案例仍然有效。如果没有，临时审查应确定是否需要某种形式的合并，以提高安全案例的可用性。临时审查应考虑到自上次审查以来对设施或安全案例的修改的数量和安全意义以及组织机构的变化。临时审查还应考虑到运行经验和事故、事件和运行变化的总体影响。对于在两次审查之间可能发生重大变化的部件，应纳入临时审查。根据设施的性质，通常预计每隔一至三年进行一次临时审查。在这一时间跨度内，如果考虑到所发生的变化的数量，期限可以灵活掌握。

⑥ PSR 总结报告

编写 PSR 总结报告，包括以下内容。

PSR 应对照现行标准和良好实践，对核设施及其运行进行合理可行的改进，包括改进安全案例，以确保公众和工作人员所面临的风险保持为合理可行尽量低。持照者应及时制定和执行大纲。除了偏差和弱项外，应包括对其综合效果和总体影响的评估。应考虑到各种偏差之间的潜在联系，制订综合改进计划。

PSR 识别出的严重影响核设施安全的问题，许可证持有者应立即采取行动，确保其运行符合安全案例。有安全案例理由或实施了安全改进前可能包括停止运行。通常在 PSR 改进大纲中管理改进措施。应向 ONR 提交重大修改的理由，供其根据 LC22 的安排进行审议。此外，作为正常监管工作的一部分，持照者和 ONR 可能讨论了有关建议。在 PSR 的“决定日期”之前，实施所有改进措施。若措施不是合理的切实可行，应当在“决定日期”后的两年内适时完成改进措施。应制定有效的控制和监测流程，在计划的日期内圆满完成 PSR 相关的工作。持照者应说明拟议的改进方案的理由和完成时限，特别是在决定日期之后的工作。在应用“合理可行”的检验标准时，可考虑重大改进的程度和实施方案（例如在计划的大修停堆期间实施）。不实施改进的合理可行的理由应遵循 ONR 的 ALARP 指南。对于 PSR，这些理由可能包括：执行时间将超过最后关闭时间；关闭日期已得到保证，例如在给 ONR 的信中得到保证（如果没有这种保证，在 ALARP 论点中应假定至少再有 10 年的正常运行时间）；为使核设施符合现行标准而对其进行改造实际上是不可能或不切实际的；或为使核设施达到现行标准而作出的牺牲（例如在时间、困难或费用方面）与所获得的安全效益极不相称。

ONR 确定了在持照者确定的工作之外还要进行的进一步工作，应在 PSR 决定日期后两年内完成。例外情况包括：与商定的持续活动有关的要求（如状态监测），这些要求可纳入正常的监管流程，如定期停堆后的启动会议，或例行的现场审查会议；以及导致重大设施改造或重大分析工作的要求，而这些工作可能无法在规定期限内完成。许可证持有者在与 ONR 讨论时，不仅应考虑到 PSR 弱项的相对重要性，还应考虑到其他（非 PSR）与核安全有关的工作和改进。这可能包括持照者为履行对 ONR 的其他承诺而必须完成的重要工作。

⑦ 持照者 PSR 编制大纲

LC15 要求每个许可证持有者就其厂址和设施提交一份供 ONR 审议的 PSR 大纲。在开展工作之前，持照者最好与 ONR 就 PSR 的范围，包括将使用的现行标准进行初步讨论。这些讨论不影响 ONR 对已完成的审查进行评估，有助于确保在早期阶段查明与 PSR 依据相关的问题。

持照者应作出安排，以执行由 PSR 产生的任何新的或经修订的安全案例，确保按照与 ONR 商定的任何时限执行所有重大变更。在正常情况下，当安全案例发生变化时，应根据 LC22 所要求的修改安排进行修改并适当分类。对于作为多设施厂址滚动计划一部分的 PSR，许可证持有者可以提出更紧凑的方案的理由，只要这样做仍有足够的时间供 ONR 评估。在一般情况下，持照者的安排应规定在 ONR 预计就 PSR 是否充分达成意见的日期（通常称为“决定日期”）前 12 个月提交 PSR。呈交 PSR 的日期通常由持照者决定，但为了安全起见，ONR 可利用 LC15（4）指定一个不同的日期。

许可证持有者的安排应包括规定，如有必要，为了安全起见，ONR 可设置监管的停工待检点。当持照者的活动被延误时，持照者应向 ONR 提供适当的有力的详细理由，以便 ONR 进行适当干预。

（3）许可证条件

许可条件（LC）15 要求：① 被许可方应作出并实施适当的安排，以定期和系统地审查和重新评估安全案例。② 持照人须向 ONR 提交 ONR 所指明的上述安排的一部分或多于一部分，以供批准。③ 持照人须确保一经批准，不得对已批准的安排作出任何更改或修订，除非 ONR 已批准该更改或修订。④ 如 ONR 有此指示，持照人须就指示所指明的事项或操作，每隔一段时间，在该指示所指明的期间内，向 ONR 提交一份安全审查及重新评估报告。

除许可证条件 15 外，ONR 还有 PSR 检查和评估的指导文件：

http://www.onr.org.uk/operational/tech_insp_guides/ns-insp-gd-015.pdf

http://www.onr.org.uk/operational/tech_asst_guides/ns-tast-gd-050.pdf

这两份文件均符合国际原子能机构核电厂定期安全评价指南（第 SSG-25 号具体安全指南）http://www.iaea.org，它们还考虑并参考其他 ONR 指南、安全评估原则和更广泛的文件，如 WENRA 指南。PSR 在 ONR 的整个寿命周期管理中发挥着重要作用，以通知诸如大修后重启同意书和安全年度审查等活动。PSR 每 10 年进行一次，但根据设备在生命周期内的位置，可采用其他持续时间（关闭、卸油、停运等）。

第三节　发展历史

1. 概述

英国核电厂的安全通过许可证和监管制度得到保证，该制度规定被许可人应承担法律责任。此外，还有来自独立安全监管机构 ONR 的外部审查和评估。安全案例对核电厂的安全至关重要。持照人必须出具一份安全案例，评估并规定核设施的安全运行参数。根据 LC15，每个核电厂每 10 年进行一次 PSR。PSR 审查电厂安排、持续安全审查的有效性和持续改进计划，这些计划将改善电厂的安全运行直至电厂寿命结束。这些审查要求进行重新评估，既要确认持续的安全运行，又要检查电厂在可预见的将来的安全性。审查还应确定现场达到的标准与现行标准之间的不足之处。这些缺陷根据其安全重要性进行分级，可能需要改进和修改。

核电厂许可证要求被许可方对提出的改造的安全重要性进行分类。在进行适当的安全分析之前，不能实施任何修改，并编制足够的安全文件，以证明提议的合理性。支持修改的具有最高安全重要性的安全文件需要在实施前提交给 ONR 以获得其正式同意。ONR 对更重要的领域进行监督，并确保被许可方采取改进行动。ONR 还评估 PSR 的结果，以判断电站在一定时间段内是否继续安全运行。多年来，完成全面和系统的定期安全评估一直是英国核设施许可证的要求，符合《维也纳核安全宣言》原则二的目标。

除了 10 年一次的 PSR 外，每个运行中的动力反应堆都需要进行定期停堆（根据 LC 30），以便进行维修、检查和试验。对于 AGRs，停机之间的运行周期最长为 36 个月，而 Sizewell B 的运行周期通常为 18 个月。停堆之后，被许可方必须向 ONR 申请重新启动反应堆的合法“同意”。在审查被许可人的检查和维修计划、电厂在前一个运行期间的运行性能以及对安全案例的任何变更进行审查后，签发同意书。ONR 在确信在下一次定期停堆之前反应堆能安全运行，才会同意启动。一个反应堆的任何安全问题可能会对 EDF NGL 机组中的其他反应堆产生影响。如果在大修期间或正常运行期间出现此类问题，ONR 有权要求运营商采取补救措施，包括关闭一个或多个反应堆（如果认为合适）。在后一种情况下，操作员必须获得 ONR 的许可才能重新启动。

2. 英国的定期安全评价

作为监管程序的一部分，英国多年来一直在对其民用核电厂进行安全审查。自 1990 年采用标准核场地许可证以来，一直要求 PSR。英国核设施 PSR 计划见表 6-2。

EDF NGL 站的第二轮 10 年期 PSR（PSR2）已于 2014 年完成，ONR 评估结果已在 ONR 网站上公布。在对其 PSR 过程进行审查后，EDF NGL 确定了目前正在进行的第三轮 PSR（PSR3）的改进，这些改进包括：在可行的情况下，更好地利用公司流程提供 PSR 依据，并实现持续改进；在整个电厂风险组合内，综合管理 PSR 建议；提供关于 PSR 期间风险管理的更有力报告；按照原子能机构指南 SSG-25 中的建议，使审查结构与国际惯例保持一致。

Hinkley Point B 和 Hunterston B 的第三轮 PSR 审查已经完成，ONR 目前正在审查提交的材料。

表 6-2 定期安全评价的状态（EDF NGL 电厂）

AGR/PWR 厂址	开始运营	第一次审查	第二次审查	第三次审查
Hinkley Point B	1976	1996	2006	2016
Hunterston B	1976	1996	2006	2016
Dungeness B	1983	1997	2007	计划 2017
Heysham 1	1983	1998	2008	计划 2018
Hartlepool	1983	1998	2008	计划 2018
Heysham 2	1988	1999	2009	计划 2019
Torness	1988	1999	2009	计划 2019
Sizewell B	1995	2005	2014	计划 2024

第一轮 PSR（PSR1）发生在 20 世纪 90 年代/2000 年年初。在 PSR1 进展的基础上，PSR2 再次审查了危害以及 PSA 在危害方面的作用，PSR2 还关注与电厂寿期相称的材料状况、老化和老旧过时问题。PSR3 引入了一种不同的结构（SSG-25），允许进一步改进和学习。

英国境内所有许可场地（以及 DNSR 授权的场地）的场地许可证中均规定需要进行 PSR。

Wylfa 是剩余的最后一个 Magnox 反应堆，将于 2015 年 12 月停止运行。Wylfa 于 2014 年 9 月（决定日期）完成了最新的 PSR，下一个 PSR 将于 2023/4 年到期。

英国监管机构和持照人有一套成熟的 PSR 程序，该过程在过去 20 年中不断发展，英国核电厂机组目前即将进行第三轮 PSR，在 AGR 开始第三轮 PSR 时，将继续借鉴最近的 PSR。

第四节　实践与经验

1. 英国 PSR 的早期实践

英国有 37 个运行核电厂，包括 36 个 GCR 和 1 个 FBR。它拥有欧共体国家运行最早投入营运的核电厂（1956 年）。

许可证需要每两年检查一次。当第一个核电厂运行了 20 年，被许可方决定继续运行时，监管机构 NII 要求被许可方进行全面的安全审查。1982 年完成首次审查，强调了与现行标准相比的几个设计缺陷，被许可方承诺解决这些缺陷。基于第一次审查的经验以及与被许可方的讨论，NII 要求在每个核电厂建成 20 年后，由其持照人进行类似的综合安全审查。这些审查被称为长期安全审查（LTSR），作为常规安全审查的补充，NII 在与被许可方协商后决定被许可方的预期目标。

（1）确认核电厂足够安全，可继续运行；

（2）识别和评估在可预见的将来可能限制核电厂安全运行的因素；

（3）评估核电厂安全标准和实践，建议必要或合理可行的改进措施。

第一个目标被解释为符合原始安全案例。第二个目标是确保不存在可能将核电厂的寿命限制在 30 年以下的安全因素。第三个目标被解释为与现行设计标准进行比较，并做出必要或有价值的修改。必要的修改是为了达到可接受的安全水平，无须考虑成本。值得修改的是应用“合理可行尽可能低”的安全概率原则（ALARP）。

已经完成了针对 16 个核电厂的 5 个 LTSR，其他项目正在进行中。每个都是相同核电厂的“集体”LTSR。LTSR 着重于核电厂的设计及其对故障和危险的响应。主要目标是第三个目标，与现行标准进行比较。Magnox 核电厂的建造已经超过 15 年，当 LTSRs 启动时，没有“当前的”Magnox 标准。被许可方利用其设计安全标准，并制定了替代论证，以证明足够的安全水平，如“适用性”。NII 使用其安全评估原则。此外，被许可方和 NII 必须对将现行标准应用于 Magnox 核电厂的合理可行做出判断。在确定是否需要对已确定的明显设计缺陷进行修改方面也遇到了困难。离 30 年只剩下几年的时间也导致一些修改和检查是不值得的。

每个 LTSR 都进行了一定范围的 PSA，有助于确认正常评估方法揭示的设计缺陷。运行经验不是一个单独的主题，但在每个相关主题中均予以考虑。审查了老化问题总体监控安排和已知的主要问题。

有几个主要问题需要进行非常详细的分析。

（1）反应堆压力容器多个管座的完整性；

（2）核电厂停电时证明每个反应堆的自然循环能力；

（3）地震分析表明 SSE 至少为 0.1 g；

（4）加强保护系统——检测、关闭、衰变热排出——提供两条冗余、隔离和多样的保护线路适用于所有可靠性常见故障，每个需求的可靠性约为 10^{-6}，假设每个需求的共模限制为 10^{-4}；

（5）加强消防系统。

当然，在每个核电厂的使用寿期内，持照人对电厂和实践进行了多次修改，并定期对安全分析进行了改进。这些谨慎的措施和基本稳健的设计使核电厂能够很好地经受住 LTSRs。LTSRs 进行了几次修改和附加检查，以符合当前设计标准，并得出结论，没有明显的缺陷将安全寿命限制在 30 年以下。

LTSR 带来的一些改进包括：可接近压力容器焊缝的抽样检

验；引入多样化的保护线反应堆保护系统；提供三级给水系统，与主给水系统分开并独立；减轻危害的改进措施；改进应急操作规程；设置紧急指示中心；桩基和燃料装卸提升设备的改进。

每个 LTSR 包含大约 50 个主要主题报告和许多支持报告。每一项研究都需要几年的时间才能完成。因此，NII 要求核电公司在 20 世纪 80 年代末优先审查受 LTSR 约束的每个核电厂的已知主要通用问题。1991 年完成了这次集体审查，进行了若干修改。NII 已经发表了一份总结报告，总结了每一次 LTSR 评估的结果。NII 要求提交一系列被称为“关键”的集体问题。要求有目标完成日期，通常为一年或两年。每一份报告都会在发布日的媒体会议上介绍，并与当地联络委员会进行讨论。

LTSRs 的经验显示出一些好处。公众对 Magnox 核电厂安全性和国家信息基础设施的信心进一步提高。制订了有益的安全改进，人们对重要安全因素的认识日益增强，持照人对规划经济生活和投资要求更有信心。两个核电厂在 LTSR 完成后不久因经济原因关闭。

当核电公司希望将其 Magnox 核电厂运行超过 30 年时，NIL 要求对每个核电厂进行第二次审查。第二次审查被称为“延寿”。NII 还决定，这些审查应在批准运营 30 年后的 38 年完成。每次审查都考虑长达 40 年的运营期。LTSRs 的经验促使 NII 提出了以下新的目标，反映出考虑老化恶化增加的需求。

（1）将现有 LTSR 的适用期限延长至 40 年，并且包括值得改进的范围和符合当前安全标准和工作实践的程度进行重新评估。

（2）由（a）引起的，对核电厂和程序进行必要的改进和其他合理可行的改进。

（3）对与年龄有关的退化过程及其对安全系统的影响进行系统审查，并制定安排，以便在整个寿命延长期间有效地管理此类退化。

（4）根据运行记录和监控计划，对电厂数据进行趋势分析。

还应对结构和设备进行详细的现场检查，包括其测试和检查数据，以评估其实际物理和功能状况。

第一次审查已于1992年完成。其他的都在进行中，直到1995年才需要进行第二次审查。每次审查都有一个特定的PSA和一个人工可靠性评估。第一次审查强调了“操作员的行为”，并要求实施若干修改。此外，应采取基于症状的程序。第一次审查包括47个专题报告和许多后续行动材料，还评估了操作反馈报告的重要性，介绍了一种新的老化数据记录系统。

核电和NII还考虑了对AGR核电厂进行全面安全审查的必要性，并同意尽快开始此类审查。NE已经开始审查早期AGRs的LTSR通用问题，并有一个审查计划，即39-AGR安全增强计划，为其自身目的和预期监管要求的审查。

2. 英国（SIZEWELL B）

英国Sizewell B核电厂是西屋设计的4回路压水堆，额定功率为1 195 MW。该电厂于1995年2月投入运行，位于英国萨福克郡的西泽维尔。该公司由2009年收购英国能源（BE）的EdF Energy运营。负责的政府监管机构是英国健康与安全执行局（HSE）。HSE核设施检查局（NII）对1995年至2005年期间的核电厂进行了PSR评估。

Sizewell B压水堆是美国标准化核电厂系统（SNUPPS）设计的发展，主要是为了满足英国的选址和安全要求。对SNUPPS设计的变更包括：两个不同的反应堆保护系统；紧急硼化（多样化停堆）系统；四列物理隔离的保护和安全设备；改进应急堆芯冷却系统。

自Sizewell B于1995年开始运营以来，PSR涵盖了电厂的第一个 10 年周期。PSR 主要包括六个方面：安全管理体系；运行安全性能；老化、报废和设备鉴定；安全分析；SSC；技术纪律。

在报告中，在对提高安全改进的可行性作出判断时，考虑了设备老化和预期寿命。此外，报告还考虑了核电厂建设所依据的原始标准与现行安全标准之间的差异。

（1）电厂设计

① 电厂改造和改进

PSR 没有提及 Sizewell B 电厂的具体改造和改进。以下电厂改造和改进措施在 PSR 以外的来源中报告：反应堆容器顶盖的更换：带有反应堆容器封头（含合金 600 母材和合金 182 焊接材料）的核电厂易受一次侧应力腐蚀影响。在核电厂第七次换料大修期间，Sizewell B 反应堆容器封头（含合金 600 母材和合金 182 焊接材料）首次出现劣化迹象。在 2006 年（第八次换料大修）中，Sizewell B 安装了一个新的容器封头，使用 690 合金和合金 152 焊接材料，因为这些合金不易发生 PWSCC（WANO 2008）。

② 根据现行安全标准和方法进行评估

在对设计规范，当前安全标准和方法以及相关的良好实践的变更进行评估时，PSR 确定了原始设计与现行安全标准和方法之间的一些差异或变化。

结构完整性：HSE 发现，从参考文件中不清楚反应堆停堆对反应堆部件的影响评估程序是否仍然有效。因此，HSE 要求 BE 更新评估反应堆停堆对部件“故障可能性”（IOF）影响的程序。

化学：由于水化学在保持燃料棒完整性、减少放射性废物的产生和最小化操作人员剂量方面的重要性，应在核电厂安全文件中适当强调水化学技术标准。因此，HSE 要求 BE 审查 Sizewell B 安全文件中化学技术标准的状态。

控制和仪表、安全和计算系统：HSE 要求 BE 证明，在与现代标准、软件工具、事件/操作反馈、关键技能和过时比较方面，对控制和仪表进行了严格审查。

风灾危害分析：由于风灾危害适用规范的变化以及预测风压的相应变化，HSE 要求 BE 进一步证明极端风对反应堆厂房结构能力的影响。

（2）老化与管理

PSR 指出，Sizewell B 在老化和设备鉴定方面处于良好状况，因为在电厂设计阶段考虑了这些因素。电厂安全案例中讨论了老化和设备鉴定，并实施了必要的程序和流程。虽然在安全案例中未明确解决过时问题，但人们认识到，在下一个审查期间，它将成为一个越来越重要的问题。有一个管理过时的基本框架，但最近对生命周期管理和建立系统运行状况监视和资产管理的重视应该会带来改进。PSR 的结论是，已经建立了适当的系统来管理老化和过时以及设备鉴定。

① 核燃料

包壳失效导致燃料供应商变更。

② 机械系统

反应堆顶盖的更换：PSR 表示，BE 已考虑到国际经验，并计划在 2006 年秋季换料大修期间更换 RPV 顶盖。这是因为 20 世纪 90 年代在法国的一些反应堆中发现，由 600 合金制成的控制棒驱动贯穿件易受应力腐蚀开裂的影响。Sizewell B 控制棒驱动贯穿件由合金 600 制成，并在换料大修时进行过检查。虽然发现了轻微裂纹，但由于裂纹较小，裂纹扩展速度较慢，且裂纹不会突然扩展，因此不属于严重的安全问题。新的头部使用 690 合金，这种材料不容易受到应力腐蚀开裂的影响。

焊接缺陷：在 2003 年的一次例行检查中，发现主蒸汽管道中存在焊接迹象。基于许多因素，包括管道材料的高缺陷容限以及对指示为未在使用中增长的制造缺陷的高度信心，允许电厂继续运行。在随后的换料大修期间，将进行额外的检查。在 PSR 期间，HSE 确定其对安全案例分析感到满意，并得出结论，该情况至少在未来 10 年内是安全的。

③ 结构系统

PSR 中确定了与结构系统相关的以下项目。

海岸侵蚀：PSR 认为海岸侵蚀是一个需要解决的问题。成立了 Sizewell 海岸线管理指导小组，对这一问题进行审查。这个指导小组负责监督对海岸侵蚀进行的各种检查和调查。PSR 得出结论，正在采取一切合理可行的措施，以确保将来自该源头的洪水风险降至最低。PSR 认为独立专家和指导小组的使用是维护设计安全的重要力量。

预应力混凝土安全壳：HSE 要求 BE 提供预应力混凝土安全壳结构完整性案例的理由，考虑到未来 10 年内预应力水平的预测置信水平。PSR 声明，确信最新的钢筋束荷载测量将提供足够的结构完整性。

④ 电气系统

在审查主要和基本电气系统时，PSR 得出结论，没有发现明显的弱项，且可以预期大部分电气设备的使用寿命预计超过 30 年。PSR 指出，如果预计在未来 10 年内出现老化现象，例如充电器和逆变器中的电容器，则应制订适当的更换计划。然而，出现了两个问题，即 NII 需要在未来 10 年的运营中提供额外的保证。首先，电厂接地系统的某些部分通常不可接近，而且 BE 没有计划对其进行检查。由于该系统的完整性对于电气保护设备的正确运行非常重要，NII 寻求并得到了一个保证，将扩大检查范围。第二，2005 年 2 月，在四台应急柴油发电机中的一台的转子上发现了一个重大缺陷。在另外两个转子中发现了类似但较小的缺陷。尽管为继续作业提供了安全理由，但对 HSE 而言长期战略不明确。BE 已经正式确定了应对这一问题的中长期战略。

在PSR中确定了与中央控制和数据处理系统有关的以下项目。

控制和仪表设备的性能下降：HSE 关注到一些设备在恶劣环境中会发生物理性能下降，要求 BE 澄清其解决物理条件控制和仪表设备的方法。PSR 报告中未提出有关降级的详细信息。

⑤ 辅助系统

电厂水系统（ESWS）：辅助系统中需要关注 ESWS 的物理状况及其热交换器的维护。PSR 之前已经被认识到 ESWS 问题，并实施了一些变更。在 PSR 过程中将跟踪剩余的工作。

（3）性能和经验反馈

① 性能

总体而言，HSE 对 Sizewell B 的安全性能表示满意。HSE 通过现场检查活动（包括启动和审查会议）定期对这一方面进行监督。此外，持照人根据现场许可证的要求向 HSE 报告事件。

② 运行经验

运行经验方面，PSR 认为以下四个事件是重要的。

隔离阀接线改造缺陷：1998 年，对与主蒸汽和主给水隔离阀相关的控制系统的接线进行了修改，引入了一个缺陷，导致故障保护级别降低。决定实施系统优化，修订程序，以确保在存在共模故障的情况下进行更仔细的审查。

安全泄压阀大量释放反应堆冷却水：1999 年 3 月，在反应堆因换料大修而停堆后不久，在对安全泄压阀进行现场试验期间，大量反应堆冷却剂系统的水被排放到安全壳厂房中。没有人员受伤，安全壳外也没有辐射物泄漏。持照人调查了此次事件，HSE 也进行了独立调查。调查后，拆除了这些阀门，在单独的试验设施中进行试验。此外，还修改了许多电厂运行规程，有助于操作员响应警报。

控制区外的放射性污染：1999 年 4 月，在放射控制区外检测到放射性污染。原因是在未采取适当控制措施的情况下清洁受污染设备。虽然污染程度很小，没有对相关人员带来很大的辐射剂量，但还是认真处理了该事件。改进了通信程序和任务前简报，安装了额外的污染监测器。

反应堆容器密封与容器封头之间的反应堆冷却剂泄漏：2001年5月，反应堆停堆，调查一回路冷却剂泄漏导致的安全壳内积水过多。发现泄漏是从 RPV 和它的头部之间的密封处漏出的。持照人调查了这起事件，并吸取了许多教训。改进包括异物排除和采取措施发现安全壳内的积水。

包壳失效：在最初的燃料类型中，包壳发生了多次故障。受影响的组件主要用于燃料循环 1 至 4（1995—2000 年），正在逐步淘汰，并用其他制造商的组件替换。采用新燃料以来，包壳失效的次数已经减少。

PSR 指出，运行经验的审查表明，反应堆能够安全运行，对工作人员的辐射剂量也得到了很好的控制。

③ 与美国同类设计电厂的运行经验比较

与 Sizewell B 核电厂设计相似的美国核电厂是 Callaway。Callaway 在 2011 年 12 月提交了一份 LRA，目前还没有结果的 SER。对 Callaway LRA 进行了审查，以确定共同关注的领域，并注意到延长作业期间运行经验和信息的异同。由于 Sizewell B 是一个相对较新的工厂，迄今为止很少观察到与老化相关的部件故障。在进行这种比较时需要注意的是，组件设备制造商和制造工艺可能因工厂而异，因此限制了这种直接比较的价值。确定了以下项目。

反应堆容器顶盖更换：根据 AmerenUE 对密苏里州司法部长关于 Callaway 反应堆容器封头当前状况的回函（2006 年 11 月 22 日），Callaway 表示，由于 600 合金焊缝处出现大量裂纹，公司计划在延长运行期之前更换反应堆容器封头 Sizewell B 在

2006 年秋季的换料大修期间也更换了反应堆容器顶盖（AmerenUE 2006）。

（4）结论

Sizewell B PSR 的结论是，被许可方已对 Sizewell B 电厂进行了广泛而全面的 PSR，BE 的 PSR 后续工作计划（包括修改、程序变更、检查和进一步分析）将加强长期运行的安全。

PSR 还指出，尽管 PSR 可能会得出结论认为在未来 10 年内是足够安全，但这将取决于持照人的日常监督和 HSE 监管能否持续令人满意。如果在过渡期间出现任何与安全相关的因素，对安全的持续有效性产生怀疑，HSE 将希望持照人解决该问题，以使 HSE 满意。

术语和缩略语

ALARP	As Low As Reasonably Practicable 合理可行尽可能低
HSE	健康与安全主管
IAEA	国际原子能机构
L&MfS	安全领导与管理
LC	许可证条件
ONR	核监管办公室（HSE 的机构）
PSR	定期安全评价
LTSR	长期安全审查
SAP	安全评估原则（HSE）
SD（PSR）	提交日期
SRL	安全参考水平
SSC	结构，系统和组件
TAG	技术评估指南
WENRA	西欧核监管者协会

WGWD　　WENRA 废物与退役小组

参考文献

[1] Tim Allmark. Periodic Safety Reviews (PSR): Nuclear Safety Technical Assessment Guide [EB/OL]. [2020-10-12]. http://www.onr.org.uk/operational/tech_asst_guides/ns-tast-gd-050. pdf.

[2] Department for business Energy & Industrial Strategy: The United Kingdom's Seventh National Report On Compliance With The Obligations Of The Convention On Nuclear Safety[R]. 2017.

[3] 于琳娜. 国家能源档案　英国核电篇：稳步提高核电占比：英国核电工业发展概述 [N]. 国家能源报道，2020-5-22.

[4] Gary Cook: Periodic Safety Reviews (PSRs): Presentation to ENSREG Workshop [R].

[5] Office for Nuclear Regulation. Licence condition handbook [EB/OL]. [2011-10-31]. http://www.onr. org.uk/documents/licence-condition-handbook.pdf.

[6] Guidance: LC15 Periodic Review: Nuclear Safety Technical Inspection Guide [EB/OL]. [2020-10-12]. http://www.onr.org.uk/operational/tech_insp_guides/ns-insp-gd-015.pdf.

第七章　俄罗斯的定期安全评价

核设施在许可证的基础上运行 10 年以上的，营运单位应对核设施进行定期安全评价。

——俄罗斯《原子能利用法》

第一节　核电厂概况

截至 2016 年，俄罗斯有 10 个核电厂，运行的核电机组共 34 台(俄罗斯运行核电厂位置见图 7-1)，总装机容量 26.242 GW，核能发电量占全国电力供应的 18%。其中 18 个机组采用水冷水慢化反应堆，15 个机组采用压力管沸水反应堆，1 个机组采用钠冷快中子反应堆。在建机组 13 台，主要是 VVER-1000/1200 型机组、BN-800 型机组、小型海上浮动核电站用 KLT-40S 型机组。计划在 2015 年将核电装机容量扩大到 33 GW，2020 年达到 53.2 GW，届时核能将提供全俄 25%的电力供应。根据俄《2030 年能源战略》规划，2022—2030 年，俄将转向发展非常规能源，首先是核能和可再生资源，包括太阳能、风能和水能。这从俄当前推进核能和风能的战略布局和力度已初见端倪。从俄目前推进态势和速度来看，俄制定的核能《突破》项目、“双元战略”、核动力破冰船和国际核电市场领先地位等主要战略目标将在 2030

年基本实现。这将是一个新的重大转折点，意味着核能在未来能源结构中占据愈来愈重要的地位。

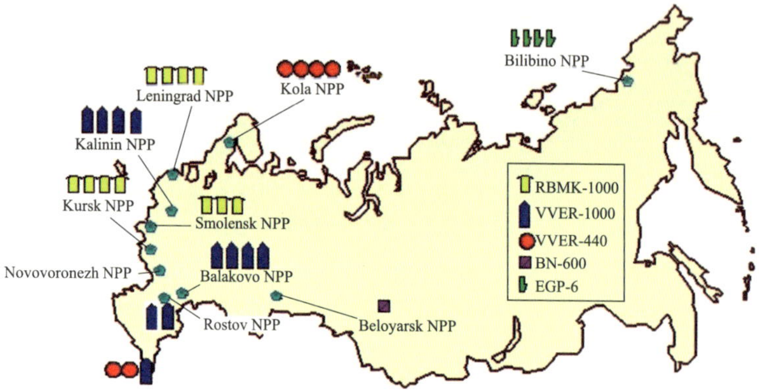

图 7-1　俄罗斯运行核电厂位置

第二节　法规标准体系

俄罗斯的核安全法律法规主要由联邦宪法、国际公约、联邦法律、总统和政府命令、通用技术法规（或称技术规范）；联邦标准和条例、行政法规、特殊的技术法规；安全导则、行业标准和规范、指导文件等组成。

1. 核安全法律法规体系层次

俄罗斯的核安全法律法规体系分为以下三个层次。

（1）第一层次

由俄罗斯联邦宪法、国际公约、联邦法律以及由总统颁布实施的政府法律法规和技术法规组成，其中最重要的三部法律是

《原子能利用法》《居民辐射安全法》《放射性废物管理法》。其中，《原子能利用法》是为了促进核科学和技术发展，并有助于加强国际化进程中安全使用原子能的一部联邦宪法，旨在保护环境、人类健康和生命，以及在原子能和技术的利用过程中保护财产不受损害。《居民辐射安全法》则出于保护公众健康的目的规定了辐射安全的法律依据，并给出了核灾难情况下关于确保居民辐射安全的相关规定。《放射性废物管理法》是俄罗斯政府在日本福岛核事故之后出台的一部专门针对放射性废物处理、处置，以及放射性废物衡算和管制的法律。除了这三部法律，还包含政府履行的核领域的五个国际公约：《核安全公约》《乏燃料和放射性废物管理联合公约》《核材料实物保护公约》《核事故损害民事责任公约》《及早通报核事故公约》。

（2）第二层次

由俄罗斯核安全监管当局颁布、实施的原子能利用领域的联邦标准和条例、行政管理条例、指导文件及安全指南等特殊的技术法规组成。

（3）第三层次

主要是由非强制性的国家标准及企业标准等组成。

2. 核与辐射安全监管文件

俄罗斯用于核设施核与辐射安全监管的监管文件主要包括以下 5 类。

（1）行政法规。为满足核设施的核与辐射安全监管的国家职能所规定的管理程序，属于强制性规定。

（2）技术法规（技术规范）。包含被联邦法律或政府法令所采纳的对核工业领域使用或生产的特殊产品的强制性规定。

（3）联邦标准和条例。包括核设施和活动类型的强制性管理要求。

（4）指导性文件。为满足国家监管当局要求而具体规定的程序以及由监管当局强制性规定或推荐的文件。

（5）安全导则。解释如何去满足强制性要求的技术法规、联邦标准和条例，属推荐性文件。

3. 俄罗斯核电标准体系

俄罗斯核行业所使用的标准也分三个层次。

（1）首先是由国家标准委员会颁布的 ГОСТ 系列标准，即国家标准。ГОСТ 系列标准不仅适用与核电，而且可应用在多个如石化、造船等领域（类似于我们国家的 GB 标准）。

在 ГОСТ 系列里我们所能使用到的部分主要包括对重要的检验和试验过程的要求和部分原材料的通用技术条件，例如：ГОСТ 1497-84 金属拉伸试验方法；ГОСТ 9454-78 金属低温、室温和高温冲击试验方法；ГОСТ 21105-87 无损检验—磁粉法；ГОСТ 8.326-89 测量器具的计量鉴定；ГОСТ 535-88 普通碳钢型材和异型轧材一般技术条件等。

ГОСТ 标准通常都是一般性的规定，在没有其他标准要求的时候遵照执行。

（2）第二层次是由俄罗斯联邦核辐射安全监督局签发的 ПНАЭГ 系列标准，即核电行业标准。ПНАЭГ 系列标准仅适用于核动力设施，它以《核电厂安全包容系统的设置及运行条例》（НП-010-98）为依据，涵盖了设计、结构、制造、建设、安装、试验及运行的整个过程。例如：ПНАЭГ-7-002-86 核动力装置的设置和管道强度计算规范；ПНАЭ Г-7-008-89 核动力装置的设备及管道的设计和安全运行规程；PNAE G-7-009-89 核动力装置的设置和管道焊接和堆焊基本准则；ПНАЭ Г-7-003-87 核动力装置的设备及管道的焊工考核规程；ПНАЭГ-7-010-89 核动力装置的设备和管道焊接接头和堆焊的检验规程等。ПНАЭГ 标准内容涵盖很全面，所有从事核设备制造的企业必须遵守。

与 ASME 和 RCCM 标准的对应章节进行对比，ПНАЭГ 标准有其自身的特点，以 ПНАЭГ-7-009-89 核动力装置的设置和管道焊接和堆焊基本准则为例，其中规定了在核电厂设备和管道焊接中，各个工序应遵循的准则，包括焊接材料的选用、坡口的加工、定位焊、预热、焊接、焊后热处理、补焊、标识等。特别在其中规定了焊材选用、预热问题和大致的焊接规范参数等，内容非常详尽，其中的大量条目可以直接用于产品制造，而无需再另外编制规程类文件。

（3）在以上两层次的标准之下，还有 TY 系列标准，这类标准统称为“技术条件”，TY 标准一般是大型企业编制，由材料院、研究所认可，并下发执行，具有较强的针对性。某一种的原材料类型（如高压管件、压力容器锻件）可能有不同的 TY 标准，厂家可以选择其中一个执行。

这一标准的产生具有其时代特点，在苏联时期和俄罗斯早期，国标和行业标准的升版周期很长，不能适应工业的发展，而俄罗斯核工业的特点是原国有大型企业基本垄断一个行业的制造活动，为了使标准能够满足生产需要，一些大型企业就和设计院、研究所联合，以编制了 TY 标准，以技术条件的形式在厂内执行。随着行业的发展，TY 标准也渐渐走出某个工厂，开始在行业内逐步推广，形成了现在的 TY 标准体系。

4. 定期安全评价相关法律

（1）俄罗斯联邦法律《原子能利用法》（170-FZ）中第 26.1 条。核设施和储存设施的定期安全评估规定：

经营核设施、储存设施时，其所持许可证（执照）有效期超过 10 年，经营组织应定期对该设施进行安全评估。运行组织提交包含核设施和储存设施安全评估结果及其安全运行理由的文件的程序，以及授权的国家安全监管机构对此类文件的结构和内容的要求应由授权的国家安全监管机构制定。

应进行定期安全评价，以评估安全状态，同时考虑到装置或储存设施的运行周期和设备老化情况，并根据俄罗斯在原子能使用领域的有关立法，在核设施或储存设施的操作期间，为确保安全，将该等评价的结果应用于下一次定期安全评估或直至该核设施或储存设施的操作期结束。

核设施/储存设施的第一次定期安全评价应在运行开始后10年进行，设施的安全保障后续评估应每10年进行一次，直至运行结束。

（2）联邦法规和标准《核研究设施的定期评价》

① 规定了在定期评价核研究设施技术安全期间维持工作的要求；这些定期评价的要求适用于根据营业执照在运行许可证基础上运作的核研究设施，该许可证签发了10年以上，永久停止运行的核研究设施除外；定期评价的目标是评价核研究设施的安全状况和定期评价结果的使用，制定改进措施，确保核研究设施的技术安全，直至下一次定期评价或核研究设施生命周期结束时，但须遵守设备的生命周期和老化情况；定期评价必须按照运营组织制定和批准的方案执行，期限为每10年一次，在这种情况下，核研究设施运营许可证的颁发日期应在10年期限开始时。在核能使用过程中，定期评价实施方案应提交国家技术安全监管局审查，下一次定期评价的工作必须在核研究设施相应10年寿命结束前12个月完成。

② 定期安全评价执行方案

（a）定期安全评价执行方案应确定以下内容：

定期评价的实施目标；

管理定期评价工作的有关机构和责任人名单；

核能使用领域的联邦导则和标准清单和其他规范性法律、行政和方法文件；

所进行工作的主要里程碑、数量和名称；

参与执行《和平利用核能》的组织，拥有在核能使用领域开展工作和提供服务的适当许可证；

与技术安全有关的核研究设施系统清单；

审查对核研究设施系统、部件、设计、施工和操作文件的安全具有重要意义的程序；

对建筑物的计划检查清单，以及对安全至关重要的系统的审查和测试清单；

用于评价部件和系统剩余资源的方法；

用于实现定期评价的软件列表；

根据定期评估的结果准备报告的程序。

（b）执行《定期评价》方案应规定，在出现以下情况时，制定必要的应急措施：

对安全至关重要的建筑物、部件和系统的实际状态与设计和施工文件中确定的要求和特征存在差异；

操作文档与核研究设施的实际状态之间不一致；

核研究设施技术安全分析报告中考虑的设计基准事故列表和假设事故情景与法律法规中规定的标准不一致。

（c）执行《定期安全评价方案》应规定以下工作里程碑：

收集实施定期评价所需的信息；

全面审查核研究设施的技术安全状况；

制定应急措施（补偿措施），以确保核研究设施随后运行的技术安全；

根据对核研究设施技术安全状况进行全面审查的结果，对核研究设施的技术安全性进行评价，规定采取应急措施提高核研究设施的技术安全性。

（d）评价的初步核研究设施的技术安全状况数据和信息

综合审查核研究设施的状况并对核研究设施的技术安全状况进行评价，应根据对核研究设施的设计、施工和操作文件的分析进行，包括：

用于验证核研究设施的技术安全性的其他文件；

对安全重要的系统组成部分进行变更的技术解决办法、法案和其他文件；

对安全重要系统和部件进行预防性技术维修的结果；

作为延长生命周期（如果进行这种检查）准备工作的一部分进行的全面核研究设施检查的结果，以及关于更换过时部件和证明对安全至关重要的系统不可更换部件的剩余寿命的结果；

老化管理方案的实施成果；

核研究设施的辐射和核安全状况评估情况的年度报告；

核研究设施运行故障分析的报告；

关于核研究设施位置条件变化的数据；

用于证明核设施技术安全合理性的方法和软件、技术安全分析方法变化数据以及技术安全分析方法的变化；

国家监管机构发布的关于核能使用技术安全的行为和条例；

与组织结构变动有关的文件；

国际原子能机构和其他国际组织的任务结果。

（e）全面审查核研究设施技术安全状况

在全面审查核研究设施的技术安全状况时，应审查下列情况。

（i）设计和施工文件的状态

根据核研究设施设计和施工文档审查的结果评估：

核研究设施依据核能使用和其他监管法律法规的要求所作的修改；

安全重要的系统部件的当前状态与研究设施的设计和施工文档相匹配；

安全重要系统的当前状态与其设计和施工文档的不符合项对技术安全性的影响。

（ii）核研究设施安全的理由

根据以前对核研究设施技术安全进行的审查结果，对以下情况进行评估：

技术安全理由符合核能使用领域的联邦法规和标准的要求以及核研究设施的现状；

核研究设施厂址区域条件变化对核研究设施技术安全状况的影响以及核研究设施区域的现状；

更正为设计基准事故和假设事故清单采用的始发事件清单；

需要使用新的和改进的方法和软件对核研究设施的技术安全性进行更多的计算研究；

（iii）利用核研究设施的经验

根据核研究设施在运行中取得的经验，考虑和评估核研究设施超越技术安全状态的事件、参数和特征，包括：

核研究设施系统和组件的实际技术条件和资源特性；

关于遵守运行认可证条件的信息；

管理安全重要的系统组件资源的程序；

核研究设施工作期间发生的故障分析结果；

个体计量控制的结果；

保障放射性废物和乏燃料管理的技术安全。

（iv）组织结构

在考虑组织结构时，评估：

组织结构所确立的互动程序的有效性，以及组织机构与其他组织的互动；

明确划分工作人员责任和义务，以控制所作决定的执行情况；

设立员工筹备程序，包括员工培训和实习计划；

质量管理体系的有效性；

操作文件（包括条例和说明）的完整性和充分性，实施变更的及时性、明确性。

（v）紧急可用性

在评估为确保紧急提供而采取的措施的有效性时，应考虑下列事项：

按照既定要求，遵守国家内部机构发生事故的人员的应急计划；

是否有工作人员消除事故的后果；

开展事故后果消除工作所需的技术手段的充分性。

（vii）核研究设施对环境的影响

在评估核研究设施对环境的影响时，应用既定的允许值与放射性物质排放的实际数据进行比较。

（f）除以上这些方面外，在评估核研究设施的技术安全时，应考虑与技术安全有关的其他方面，这些方面是针对特定国家技术评估所特有的。

（g）基于技术安全状况综合审查的结果采取应对措施

（i）根据对核研究设施技术安全状况的全面审查结果，应制定应急措施（纠正措施），以确保核研究设施后续的技术安全，并确定其实施顺序。

（ii）在确定应急措施的优先顺序时，必须考虑因核研究设施未符合联邦核能法规和标准的要求而暴露的核研究设施功能异常造成的辐射后果，核研究设施的剩余运行时间，计划进行试验性调查的方案、时间和费用，以及拟议应急措施的实施相一致。

（iii）如果确定，在定期评估履行中披露的符合联邦核能使用规范和标准要求的核研究设施不符合为工作人员或公众规定的剂量限制，或超过最高允许排放或允许向环境中排放放射性物质的既定标准，组织机构必须制定和实施纠正措施。如有必要，应调整核研究设施的参数或将核研究设施转移到临时停止模式。

（iv）在定期评估结束时执行的所有应急措施，旨在改善核研究设施的技术安全，应提交给安全委员会，并根据会议结果进行调整。

（v）依据核设施安全状况全面审查的结果而采取的应急措施纠正了与联邦核能使用法律法规标准不一致的情况。必要时，应对核研究设施的技术安全状况进行总体评价，以确定是否还能安全地继续运行。

（vi）所执行定期评估结果的报告应包含：

实施《定期评估》的规范性法律行为和规范性文件清单；

定期评估使用的设计、施工和运行文件清单和参考资料；

组件和系统（包括建筑物和建筑物）清单；

简要说明根据第五章所述因素审查技术安全状况的结果；

说明发现不符合要求的安全至关重要的部件和系统的现状，以及设计和施工文件；

说明偏离联邦法规和标准要求的行为；

说明拟议的应急措施和建议的执行时间表；

对核研究设施实际状况的总体评估；

关于更安全地利用核研究设施的可能性和条件，或重建的需要，或关闭核研究设施的结论。

第三节　发展历史

1. 切尔诺贝利核事故后的核电厂安全审查

切尔诺贝利核电厂是苏联最大的核电厂，共有 4 台机组。1986 年电厂的 4 号机组发生爆炸，引发目前为止最严重的核电厂事故。截至 1991 年年底，俄罗斯共有 24 台压水堆、26 台 RBIVFLC、I BWR 和 4 台 FBR，在其他东欧国家有 19 台 PWR。俄罗斯专家对切尔诺贝利核事故后的核电厂进行了全面审查。一个目标是改进核心核物理、反应堆控制和保护系统、操作程序以及标准和条例中的管理要求。最终提出的修改如下。

（1）正孔隙系数减小至+1.0 βeff 以下。

（2）将应急棒插入堆芯底部的时间增加到 2.5 秒以下。

（3）每 5 分钟计算一次操作反应性裕度，如果裕度降至 30 根手动控制棒以下，则手动跳闸。

（4）控制室内保护系统不可用的警告。

（5）更换一些老化的设备。

（6）消防方面的改进。

（7）安装三个独立的 ECCS 回路，并改进培训、程序和事故管理。

（8）PSA 计算也包括在内，给出了堆芯失效概率的初步保守估计值为每年 10^{-5}～10^{-4} 次，之后修正为每年 10^{-3} 次。尽管如此，由于现代化的 RBMK 不能完全满足俄罗斯现代安全要求，因此为第一代 RBMK 引入了一些补偿措施。1989 年，运行第一代 230 型压水堆的国家根据当时实行的苏联标准进行了评估，并确定了 16 个需要解决的一般问题。1990 年，作为一项临时补偿措施，230 型核电厂都采用了一种特殊的运行制度。1990 年，根据德国的四个标准对 GRRNELY 进行了安全审查。确定了几个安全问题，并将其分为三个安全类别。第一类共有 82 个问题需要立即进行补偿性措施。

原子能机构协助对俄罗斯的压水堆进行一些针对具体问题的审查，并于 1990/1991 年对 230 型反应堆进行了一次重大的全面审查。审查发现了许多安全缺陷，这些缺陷分为 95 个问题。开发了一个新的排名系统来确定问题的安全重要性。在最严重的

“纵深防御”类别中，有 14 个问题需要立即采取措施。还确定了 13 个一般性问题。主要目标是在至少几年内不关闭核电厂的情况下快速解决 95 个问题。国际原子能机构的审查与几个核电厂的三次“一般性”审查相当。主要区别在于，国际原子能机构对材料退化程度、设计限制、设备老化、核安全文化、核电厂关闭可能造成的重大经济和社会问题以及在相当短的时间内合理的成本。

同时，针对 RBMK 反应堆的扩展监测和寿命管理问题（挑战）采取了相应的措施。在审查俄罗斯联邦第六次国家报告的过程中，人们注意到了第一代核反应堆的问题，这是辐射下石墨堆形状的变化。2012—2013 年在列宁格勒 1 号进行了试验，2014 年在库尔斯克 2 号和列宁格勒 2 号上应用了终身性能恢复（LPR）技术。2015 年在列宁格勒 1 号机组，2016 年在 Kursk 电厂 1 号机组上也应用了该技术。LPR 技术是在石墨柱上进行垂直纵向切割，并迫使其改变，以减少压力管弯曲。根据维修后安全审查的积极结果，Rostechnadzor 对许可条件进行了修改，允许进一步运行 RBMK-1000，前提是每年对石墨堆和反应堆压力管的几何形状进行监测。

为了提高 WWER-1000 核电厂蒸汽发生器的可靠性和延长其使用寿命，已将含铜管道系统更换为钛合金和不锈钢合金。2015 年，上述活动在五台机组上进行；这也提高了冷凝器的真空度，总功率增加了 12.5 MW。

2015 年，核电厂运行了大量高压电气设备，这些设备耗尽了 GOST 和生产商确定的 25 年设计寿命。为提高电气设备的可靠性，计划将风冷断路器和充油变压器更换为 SF6 断路器和充油变压器，并将继电保护和自动化设备更换为微处理器设备。

2. 福岛核事故后的核电厂安全审查

福岛核电厂（Fukushima Nuclear Power Plant）是世界上最大

的核电厂，总装机容量 7 965 MW，由福岛一厂、福岛二厂组成，共 10 台机组（一站 6 台，二站 4 台），均为沸水堆。位于北纬 37 度 25 分 14 秒，东经 141 度 2 分，地处日本福岛工业区。2011 年 3 月 12 日，日本宣布，受“3·11”日本地震影响，福岛第一核电厂的放射性物质发生泄漏。4 月 11 日 16 点 16 分福岛再次发生 7.1 级地震，日本再次发布海啸预警和核泄漏警报。4 月 12 日，日本原子能安全保安院根据国际核事件分级表将福岛核事故定为最高级 7 级。2013 年 10 月 9 日，福岛第一核电厂工作人员因误操作导致约 7 t 污水泄漏。11 月 20 日，日本东京电力公司对福岛第一核电厂第五和第六座核反应堆实施封堆作业。

2011 年 3 月和 4 月，Rosenergoatom 检查了所有现有的核电厂，以审查这些核电厂在一定程度上免受外部自然和人为影响的保护。2011 年 6 月和 8 月，根据监管机构基于 ENSREG 方法制定的要求，Rosenergoatom 对所有俄罗斯核电厂的外部影响进行了额外的保护性分析，包括以下方面。

（1）核动力厂设计基准（设计依据和安全停堆地震）中考虑的地震影响防护性；

（2）核动力厂设计基准中考虑的不同来源洪水[水体异常水位、近岸海域和湖区状况（海啸、风暴等）、水利工程事故、极端降雨]的防护能力；

（3）针对核电厂部署地点和现场典型的外部影响的保护性，核电厂设计基准中考虑的强度；

（4）核电厂对超过设计基准强度的地震的防护能力（核电厂管理正常运行偏差的能力，包括超出设计基准地震引起的事故）；

（5）物理潜在性超过核电厂设计基准中考虑的洪水，以及核电厂在不排除洪水的情况下对此类洪水的保护能力；

（6）核电厂对超过设计基准考虑的外部影响的保护能力（核电厂管理正常运行偏差的能力，包括超出设计基准的外部影响导致的事故）；

（7）核电厂对专家选定的外部影响的特定组合的保护性（例如极端雪荷载和极端风）。

作为分析的一部分，考虑了以下问题。

相关事件对下述部分的影响：

（1）核动力厂安全重要系统和组件（设备、建筑物和结构）；

（2）用于超设计基准事故管理的核电厂系统和部件，包括通信系统；

（3）核电厂系统和部件，不会影响安全，但如果损坏（失效），可能会对安全重要的系统和部件造成影响的。

（4）能够引起核电厂火灾的系统和部件；

（5）排放物或洪水；

（6）用于核电厂接收外部援助和人员疏散的现场逃生路线、道路和工程设施、人员采取措施确保核电厂安全的路线以及正常占用的房间（主要是主控室和备用控制室，以及受保护的应急管理室）；

（7）核动力厂辅助电源的外部电源线。

当外部影响发生时，应确保主要安全功能（亚临界控制、堆芯排热和核燃料储存）和现有安全裕度。

分析中使用了核电厂设计材料和福岛第一核电厂事故前后设计机构和罗森戈托姆进行的额外调查的数据。

在地震方面，根据联邦标准和规则的要求，俄罗斯核电厂都具有设计基准和安全停堆地震的震级特征。发生频率为千年一遇的现场最大烈度地震称为设计基准地震。发生频率为万年一遇的厂内最大烈度地震称为安全停堆地震。

根据福岛第一核电厂的教训及核电厂定期安全评价制定采取如下措施。

（1）短期措施

① 额外的移动应急设备（柴油发电机、移动泵、单体泵）

已交付核电厂并准备使用。已安排好存放地点；指定了负责其操作的人员；定期进行性能检查和维护。

② 考虑到从福岛第一核电厂事故中吸取的经验教训，对超出设计基准事故的情景进行了额外的（与安全分析报告中考虑的情景清单相比）分析。

③ 对电厂应急文件进行了分析，包括所述文件的充分性，以规范核电厂人员与外部影响相关的事故管理行动。

④ 对核电厂的应急文件进行了修改；另外还编制了管理超设计基准事故的人员行动图。

⑤ 计划的应急演习次数增加了两倍，以掌握超设计基准事故时的人员行动。

⑥ 各核电厂已确定备用（额外）厂用水水源，以防发生超出设计基准的事故，包括严重事故。

⑦ 已经制定了提高俄罗斯核电厂运行稳健性的额外设计解决方案的职权范围（所述附加解决方案作为中期和长期措施的一部分实施）。

（2）中期措施

① 已编制了一套设计文件。它们旨在在核电厂实施额外的设计解决方案，以防止发生超设计基准事故，包括严重事故。这些额外的设计解决方案已经实施，包括购买零部件和材料、施工、安装、启动和调整工作。

② 对巴拉科沃和诺沃沃罗涅日核电厂水力结构多重故障的事故影响进行了分析。

③ 对较高强度的自然和人为来源的外部影响下的非设计基准事故进行了分析，包括对反应堆水池安全性进行了分析。

④ 已经进行了 WWER-440 和 WWER-1000 机组的安全分析(安全分析报告中提出的超设计基准事故的发展及其辐射后果)。

⑤ 已经对运行核电厂的严重事故进行了额外分析。

⑥ 设计了输入数据和技术要求，并考虑到移动应急设备的使用，对其部署的适当性进行了分析。

⑦ 在所有核电厂和罗斯纳原子风险中心都部署了新标准的无线电通信系统。

⑧ 对 WWER 反应堆压力容器实施超设计基准事故外部冷却进行了快速分析。

⑨ 分析了 RBMK-1000 机组在可能释放氢气的房间中安装氢气爆炸安全系统的必要性。

⑩ 用于管理和消除超设计基准事故的后果，包括严重事故的附加专用机械（起重机车、拖拉机装置、燃油车等）已采购并交付给核电厂。

⑪ 加里宁和斯摩棱斯克核电厂的高容量独立泵已购买并交付给核电厂。

⑫ 列宁格勒和库尔斯克核电厂储存乏燃料的设施已投入使用。在斯摩棱斯克核电厂，该设施已投产。

⑬ 备用核燃料从带有 WWER-440 反应堆的核电厂运到回收核燃料的工厂；来自带有 WWER-1000 反应堆的核电厂的燃料被运离并进行长期储存。

⑭ 对核电厂厂址地震进行了进一步的研究，计算了地震危险的边缘系数；合成了地震影响下的响应谱。

⑮ 反应堆地震保护系统已在科拉、列宁格勒、诺沃沃罗涅日、斯摩棱斯克和库尔斯克核电厂的机组投入运行。除了比利比诺核电厂外，该系统早前已在其他正在运行的核电厂投入运行。

⑯ 设计了应急和事故后取样系统。该系统已在科拉核电厂的机组上进行了安装和调试。

⑰ 增加了 WWER-440 和 WWER-1000 反应堆核电机组超设计基准事故清单。

⑱ 除了设计基准事故之外，已经为巴拉科沃、加里宁、科

拉、诺沃沃罗涅日和罗斯托夫核电厂制定了事故管理指南。

（3）长期措施

① 所有核电厂都实施了应急移动设备放置和连接的设计解决方案。

② 实施氢爆炸安全系统的设计解决方案。

③ 已根据新的设计解决方案开发和更新应急预案。

④ 在所有核电厂中，已经制定了发生超设计基准事故时连接应急移动设备向反应堆和乏燃料水池供水的人员行动指南，并对应急预案进行了相应的更改。

⑤ 在配备 RBMK，BN 和 EGP 反应堆的核电厂，新的超设计基准事故管理指南提出了管理超设计基准事故的行动，包括完整的内部电源和所有正在使用的柴油发电机的故障。

⑥ 作为严重事故管理的一部分，已经制定并实施了开发（修订/更新）和实施超设计基准事故管理指南。

⑦ 实施以下加强的应急准备措施。

（a）设置核电厂与罗斯纳原子应急响应控制站之间的备用数字通信通道；

（b）核电厂应急指挥官和核电厂紧急援助负责人的移动控制站（移动通信枢纽）；

（c）所有核电厂和罗斯纳原子风险中心向核电厂日常通信中心、应急响应控制站通信中心提供不间断电源；

（d）由硬件和软件综合体传输的数据备份。

第四节　实践与经验

每次定期安全评价后，都要对核电厂运行机组进行升级改造。

每次在升级前准备安全分析以评估反应堆升级对机组重要安全系统和部件的性能、对正常运行和运行事件（包括事故）的影响。该分析的结果和结论用于编制一份系统和部件的现代化改造清单，以及一份电厂操作文件的修改清单。在核电厂的总体协调下，由适当的设计和工程公司以及设备制造商提供的资料进行开发。此外，还为每台机组制定了全面的程序，详细说明了机组启动和功率升至超过额定计划值的程序（程序包括旨在确认机组在较高功率水平运行模式下的实际参数符合设计值的试验和测量），包括机组在稳态和动态模式下的运行研究。

表 7-1～表 7-9 为俄罗斯核电厂部分机组升级改造的主要安全和可靠性活动。

表 7-1　巴拉科沃核电厂

机组	活动
1 号、2 号	KR-308D 起重机装置设备，用于预应力安全壳部件的 M&R
1～4 号	实施额外的设计解决方案，以减轻计划范围内超出设计基准事故的后果
1～4 号	30 千米区域辐射监测站的现代化
1 号、3 号、4 号	汽轮发电机振动保护的现代化
3 号、4 号	为蒸汽发生器的先导式安全阀（PORV SG）配备诊断系统
3 号	K1000-60/1500-2 汽轮机脉冲卸荷系统的实现
3 号	给水系统含铜设备的更换（TFP 凝汽器的更换）
3 号	反应堆安装（RI）和核电站整体现状提示操作员信息显示系统的实现
4 号	更换带 HEC-6 断路器的发电机断路器

表 7-2　比比诺核电厂

机组	活动
1～4 号	实施额外的设计解决方案，以减轻计划范围内超出设计基准事故的后果
1～4 号	更换消防车和消防设备
4 号	将循环泵 TsN-4B 更换为更高产能的泵
1～4 号	用类似的 HF6 设备更换室内开关站（ZRU-110 kV）的充油电气设备
1～4 号	核电站设施通信系统现代化

表 7-3　加里宁核电厂

机组	活动
1～4 号	实施额外的设计解决方案，以减轻计划范围内超出设计基准事故的后果
1 号	CPS 蓄电池的现代化
3 号	应急和定时冷却系统泵的现代化
3 号	PGV-1000 密封件的现代化改造
1 号	1 号机组反应堆控制和保护系统（SUZ 110 V）电气设备现代化
1 号、3 号	二次回路含铜换热设备的更换
3 号	反应堆控制和保护系统 CPS 驱动机构护罩的现代化改造
1 号	安全壳试验系统（CTS）的现代化
1 号	TG 偏移保护的现代化
2 号	稳压器先导式安全阀的现代化（用 Bopp 和 Reuther 替代）
2 号	参与一次电网控制模式（GPCF 2）

表 7-4　科拉核电厂

机组	活动
1～4 号	实施额外的设计解决方案，以减轻计划范围内超出设计基准事故的后果

续表

机组	活动
1～3 号	应急一次冷却剂取样系统的实施
2 号	反应堆地震监测保护系统的实现
2 号	氢气爆炸安全系统的实施
4 号	一次设备及管道松动
1 号	柴油发电机电气保护的现代化
1 号	CPS 电气设备参数及故障归档系统的实现
1～4 号	振动监测系统的现代化，包括改变汽轮发电机的高振动保护运行算法
1 号	应急电源蓄电池的更换；I 组直流用电设备的供电系统（SB EPPS）
3 号	安全壳部件的现代化，与门和气闸处的密封改造和密封改造有关
4 号	更新二期一回路计划冷却系统，更换泵（4RR10，30，50D01）

表 7-5　库尔斯克核电厂

机组	活动
1～2 号	1、2 号机组石墨堆寿命性能恢复
1～4 号	实施额外的设计解决方案，以减轻计划范围内超出设计基准事故的后果
2 号	主安全阀（MSV）先导式安全阀的现代化
2 号	ORU-330 kV 电气设备现代化（更换电压互感器、风冷断路器、隔离开关）
2 号	自动冷却剂泄漏检测系统（ACLDS）软硬件的现代化
2 号	2 号机组换料机设备现代化改造
3 号	3 号机组应急反应堆冷却系统（ERCS）的现代化改造
1～4 号	机组反应堆装置抗震保护的实施

表 7-6　列宁格勒核电厂

机组	活动
1～4 号	实施额外的设计解决方案，以减轻计划范围内超出设计基准事故的后果
1 号、2 号	1、2 号机组石墨堆寿命性能恢复
2 号	用灭火气溶胶发生器替代火警和灭火系统的现代化
1～4 号	反应堆抗震保护系统的实现
3 号、4 号	汽轮发电机关键转子设备振动监测系统的实现
1～4 号	更换伺服装置 1，4 个 CPS

表 7-7　新沃罗涅日核电厂

机组	活动
3～5 号	实施额外的设计解决方案，以减轻计划范围内超出设计基准事故的后果
5 号	用钢筋束 SPZO-M 更换 5 号机组的加强钢丝 SPN-1000
3～5 号	更新 ORU-500 kV，更换电流和电压互感器、风冷断路器及其 RPA 装置

表 7-8　罗斯托夫核电厂

机组	活动
1 号、2 号	实施额外的设计解决方案，以减轻计划范围内超出设计基准事故的后果
1 号	PGV1000M 蒸汽发生器密封装置的现代化改造
1 号	反应堆上部装置的电气设备更换为长期使用的设备
1 号、2 号	稳压器管式电加热器的更换
2 号	将 2 号机组 CPS 驱动 ShEM-3 的护罩更换为现代化的护罩
1 号、2 号	主伸缩缝密封装置的现代化改造

表 7-9　斯摩棱斯克核电厂

机组	活动
1～3 号	实施额外的设计解决方案，以减轻计划范围内超出设计基准事故的后果
2 号	更换输送阀和止回阀 GTsN DN800
2 号	自动控制和保护系统（ACPS）的现代化
1～3 号	应急反应堆地震监测保护系统的实现
2 号	反应堆冷却剂泵振动监测与诊断固定系统的实现
2 号	Sebim 用 PORV Energomash（契诃夫）-ChZEM 更换串联先导式安全阀（PORV）
2 号、3 号	更换 BDGS 上安装的 VARTA 蓄电池组件

参考文献

[1] 熊文彬，朱杰，王韶伟，等. 俄罗斯核电安全监管体系及启示［J］. 辐射防护通讯，2012，32（4）.

[2] 王潮腾，李玉东. 俄罗斯能源现状和政策［J］. 中国核工业，2019（1）.

[3] THE SEVENTHNATIONAL REPORT OF THE RUSSIAN FEDERATION ON THE FULFILLMENT OF COMMITMENTS RESULTING FROM THE CONVENTION ON NUCLEAR SAFETY [R].

[4] ON APPROVAL OF THE PROCEDURE FOR SUBMISSION OF DOCUMENTS CONTA 核研究设施 NG RESULTS OF A SAFETY REVIEW OF A NUCLEAR INSTALLATION OR A STORAGE FACILITY AND SUBSTANTIATING OPERATING SAFETY THEREOF BY AN OPERATOR OF THE NUCLEAR INSTALLATION OR THE STORAGE FACILITY TO THE

AUTHORIZED STATE NUCLEAR SAFETY REGULATOR, AND REQUIREMENTS TO THE LIST AND CONTENTS OF THE DOCUMENTS TO BE SUBMITTED 14 December 2012 No.728.

第八章　韩国的定期安全评价

我们的愿景是建立公众和世界信任的核安全体系；我们的核心价值观是卓越、独立、透明、公正、可靠。

——韩国核安全与核安保委员会

第一节　核电厂概况

1. 核电发展现状

韩国共有 24 台运行核电机组，正在建设 4 台，2 台永久关停等待退役，详见表 8-1。2019 年核发电量为 138 619.00 GWh，发电比例为 26.2%。

2017 年文在寅政府上台后，开始重新研讨能源和核电发展政策。计划降低韩国对煤炭和核电的依赖，强调有必要向可再生能源转型。目标是到 2030 年，将可再生能源占比从目前的 1.1% 增至 20%。2017 年 6 月，韩国总统文在寅在 Kori 核电厂 1 号机组的退役仪式上表示，新政府将"放弃以核能为中心的能源政策，退出核能时代"，不再新建核电机组，现有核电机组也不再延期运行。尽管迫于公民评判委员会的决定，新古里 5 号和 6 号机组在经历短暂停工后恢复建设，但韩国政府坚称未来不会允许其他新核电机组建设，并将力促月城 1 号机组停运，原先在新古里和新韩蔚再各建两台 APR1400 机组的计划已被叫停。根据韩国产业通商资源部发布的电力供应基本蓝图草案，到 2030 年韩国将有 18 台核电机组，总装机容量 2 040 万 kW，核能发电量占比降至 23.9%。虽然韩国新政府表示其国内将不再新建核电机组，但并未改变支持核电技术出口的政策，仍将核电技术出口当作带动经济发展的主要路线。

近年来，韩国积极推进海外核电市场开发，2009 年，韩国与阿联酋签订价值 200 亿美元的核电厂建设合同，建造 4 座核电反应堆。此后，韩国陆续开拓了土耳其、约旦、罗马尼亚、乌克兰、埃及、沙特阿拉伯等国市场。除计划出口反应堆外，韩国还计划进入国际核电营运、维护和检修市场。

表 8-1　韩国核电厂情况统计

机组	类型	状态	位置	设计功率/MW	电功率/MW	首次并网日期
HANBIT-1	PWR	运行	Yeonggwang-gun	995	1 028	1986/3/5
HANBIT-2	PWR	运行	Yeonggwang-gun	988	1 025	1986/11/11
HANBIT-3	PWR	运行	Yeonggwang-gun	986	1 037	1994/10/30
HANBIT-4	PWR	运行	Yeonggwang-gun	970	1 022	1995/7/18
HANBIT-5	PWR	运行	Yeonggwang-gun	992	1 049	2001/12/19
HANBIT-6	PWR	运行	Yeonggwang-gun	993	1 051	2002/9/16
HANUL-1	PWR	运行	Ulchin-gun	966	1 008	1988/4/7
HANUL-2	PWR	运行	Ulchin-gun	967	1 010	1989/4/14
HANUL-3	PWR	运行	Ulchin-gun	997	1 049	1998/1/6
HANUL-4	PWR	运行	Ulchin-gun	999	1 053	1998/12/28

续表

机组	类型	状态	位置	设计功率/MW	电功率/MW	首次并网日期
HANUL-5	PWR	运行	Ulchin-gun	998	1 048	2003/12/18
HANUL-6	PWR	运行	Ulchin-gun	997	1 048	2005/1/7
KORI-1	PWR	永久关闭	Gijang-gun	576	607	1977/6/26
KORI-2	PWR	运行	Gijang-gun	640	681	1983/4/22
KORI-3	PWR	运行	Gijang-gun	1 011	1 045	1985/1/22
KORI-4	PWR	运行	Gijang-gun	1 012	1 045	1985/12/31
SHIN-HANUL-1	PWR	建设中	Ulchin-gun	1 340	1 400	
SHIN-HANUL-2	PWR	建设中	Ulchin-gun	1 340	1 400	
SHIN-KORI-1	PWR	运行	Busan & Ulsan	996	1 046	2010/8/4
SHIN-KORI-2	PWR	运行	Busan & Ulsan	996	1 047	2012/1/28
SHIN-KORI-3	PWR	运行	Ulsan	1 416	1 486	2016/1/15
SHIN-KORI-4	PWR	运行	Ulsan	1 418	1 455	2019/4/22
SHIN-KORI-5	PWR	建设中	Ulsan	1 340	1 400	
SHIN-KORI-6	PWR	建设中	Ulsan	1 340	1 400	
SHIN-WOLSONG-1	PWR	运行	Gyeongju-si	997	1 049	2012/1/27
SHIN-WOLSONG-2	PWR	运行	Gyeongju-si	993	1 051	2015/2/26
WOLSONG-1	PHWR	永久关闭	Gyeongju-si	661	683	1982/12/31
WOLSONG-2	PHWR	运行	Gyeongju-si	606	620	1997/4/1
WOLSONG-3	PHWR	运行	Gyeongju-si	630	650	1998/3/25
WOLSONG-4	PHWR	运行	Gyeongju-si	609	621	1999/5/21

2. 法规框架

韩国的核安全法律框架由四个层次组成：法案（核安全法）、总统令（核安全法执行命令）、总理令（核安全法执行规定）、核安全与安保委员会规定（核反应堆设施技术标准规定及辐射安全控制技术标准规定等）和核安全与安保委员会通知。

核安全法制定了核安全规定基础、核安全与安保委员会、核安全综合计划以及核设施建造许可证和运行许可证相关基本事项。核安全法（总统令）的执行规定提供了核安全法授权事项和执行所需的行政事项（详细的流程和方法）。核安全法的执行规定制定了核安全法授权事项、核安全法执行命令和执行所需的程序和文件。两个规定（核反应堆设施等技术规定和辐射安全控制等技术标准规定）提供了核安全法授权事项、核安全法执行规定和执行所需的详细技术标准。核安全与安保委员会通知规定了核安全法授权事项、核安全法执行命令和执行监管所需的详细技术标准。

3. 监管机构

（1）核安全与安保委员会

在 2011 年 10 月成立核安全与安保委员会（NSSC）之前，教育、科学和技术部（MEST）负责全面监管总体核安全，而知识和经济部（MKE）则侧重于促进核能。

然而，福岛第一核电厂事故发生后，韩国国内经过认真讨论，开始建立一个独立委员会来负责核安全。2011 年 10 月 26 日，核安全与安保委员会（NSSC）成立，是一个独立的总统委员会和核安全监管机构，负责核安全、安保和不扩散。

（2）韩国核安全研究所

依据核安全法案，韩国核安全研究所（KINS）于 1990 年 2

月成立，并作为独立的技术支持单位。它根据核安全法第 111 条（授权书）和《实物保护与放射应急法》（第 45 条委托）进行核安全技术监管活动。基于法律、命令和通知中的标准和要求，KINS 一直在制定详细的监管标准和导则，主要适用于新的核电厂。韩国核安全研究所是安全监管的技术支持组织，为其管理活动制定了安全审查和监管检查的导则。监管机构认可适用于核活动的工业标准并应用于核设施的设计和运行。

（3）其他

韩国核不扩散与控制研究所（KINAC）依据核安全法第 6 条建立，主要执行安保、进出口控制、实物保护以及核设施和材料的研究与开发的任务。

韩国核安全基金会（原韩国辐射安全基金会）成立于 2012 年 11 月，主要工作是支持 NSSC 的行政和政策工作，包括计划和监督核安全研发，反应堆部件性能鉴定机构的管理，辐射人员管理（辐射照射和安全培训），以及核安全监管基金的运作。

NSSC 根据 NSSC 的建立和运作法以及该法的执行法令和 NSSC 会议的实施条例的规定设立了一个专家委员会，以便就行政事务征求工作层面的意见，并对须审议和解决的事项进行初步审查。专家委员会由核安全有关的各个领域的专家组成，例如反应堆、安全分析、仪器仪表和控制（I&C）、辐射防护、辐射事故预防和控制等。

第二节　法规要求

定期安全评价载于核安全法（第 12666 号法律）第 23 条；核安全法执行命令（总统令第 25747 号）第 36 条、第 37 条、第 38 条、第 39 条；核安全法执行规定（总理令第 1109 号）第 20

条和第 21 条规定。通过定期安全评价来确定在各运行核电厂中，目前适用的安全标准和惯例是否符合安全要求；营运单位是否正在采取适当的措施，以继续维持核电厂安全运行；通过综合评价确认并提高安全性。

1. 许可证要求

与许多其他国家一样，韩国的许可证期限不是固定的。但是，如果营运单位希望在核电厂设计寿期届满后继续运行，则需要获得核安全与安保委员会（NSSC）的批准。

许可证要求基于以下两个原则。

（1）在继续运行期间应保持当前的许可证基准，以确保安全等级不低于设计寿命到期之前的等级；

（2）应符合现行标准，并考虑到最近的安全研究结果和运行经验，以确保维持最高的安全水平。

韩国的核安全法确定了关于商用反应堆和相关设施的定期安全评价实施的审查主题。强制令规定了定期安全评价的时间、方法、标准、处理时间、详细信息和标准。NSSC 第 2012-25 号公告是关于应用技术标准评估核电反应堆在其设计寿命之后的持续运行的指南。

2. 评价周期

核电厂营运单位根据核安全法第 23 条第 3 款的规定，从获得该核设施运行许可之日起（如果同时获得建设许可和运行许可，则将核反应堆首次达临界之日视为获得运行许可之日）起，每 10 年进行一次定期安全评价，并编写评价报告，提交核安全与安保委员会。

每台机组应单独编制评价报告，自获得运行许可之日起每 10 年为评估基准日，并应在评估基准日起 1 年 6 个月内提交评价报告。

根据核安全法第 20 条第 2 款规定，对于共用最终安全分析报告的机组，应按照最先建造机组的评估日程同时进行评估，并可合并为一份定期安全评价报告提交。但是，核电厂的运行年限增加所带来的设备老化的差异、运行条件的不同等问题，在评价中应另行考虑。

3. 责任主体及程序

定期安全评价的实施应由营运单位自主进行，并考虑国际原子能机构安全指南的建议、国内开展评价的具体实例和其他所需的资料等，作为向核安全与安保委员会报告其结果的机制。

营运单位应当与核安全与安保委员会协商制定并实施定期安全评价计划，并将其结果编制成定期安全性评价报告，提交核安全与安保委员会。

核安全与安保委员会审查定期安全性评价结果、弱项纠正行动及改进计划，认为定期安全性评价执行结果或相应的安全措施不足时，可以根据核安全法第 23 条，责令营运单位改正或补充。

韩国核安全研究所完成对营运单位提交的定期安全评价报告等材料的审评后，需将审评结果报核安全与安保委员会批准。对定期安全性评价的执行程序进行模式化，如图 8-1 所示。

4. 评价的内容、范围和方法

定期安全评价有 14 个核安全要素，包括核电厂的所有核安全方面。对于每项安全要素，都应该用现行的方法进行审查。审查中发现的问题要按照现行的安全标准和实践进行评价。应确定合理可行的纠正行动和（或）安全改进，及其实施计划。要考虑各安全要素的相互作用和相互覆盖，并考虑纠正行动和（或）安全改进对所有安全要素的影响。

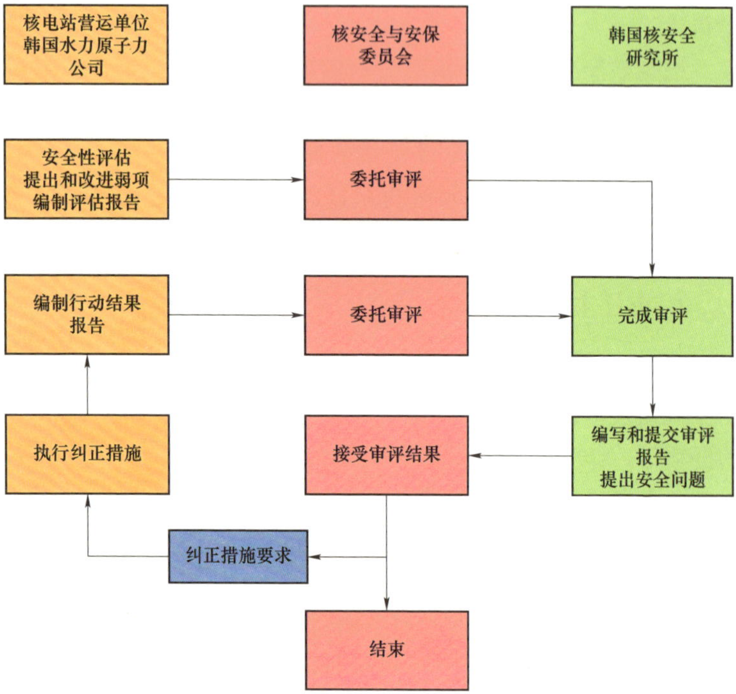

图 8-1　定期安全评价的执行程序

质量保证是一个共性问题，因此在需要在每个要素中进行审查，而不应作为单独的要素，并且应该在组织机构和行政管理要素中对质量保证进行详细评估。由于辐射防护领域也涉及不同要素，因此也不作为单独的要素，而应在核电厂的安全性能，程序，构筑物、系统和部件的实际状态等要素中详细评估。

核安全法及其条例规定，PSR 需要包括与反应堆的构筑物、系统和部件老化有关的事项，即确认 1）是否有足够的安全裕度来有效控制老化对构筑物、系统和部件的影响；2）建立一个足够的老化管理计划，以确保未来的安全运行。适当的老化（包括管理计划）评估的范围包括分类和选择、老化退化评估、功能安全裕度、性能和未来物理状况不佳的时间预测，以及老化缓解措施和管理计划。超设计寿期运行的核电厂的 PSR 还应包括，对持续运行的寿期评估以及对运行经验和研究结果的使用。

概率安全分析可为核动力厂安全提供有用的信息，因此，概率安全分析对定期安全审查会起到重要作用。每座核动力厂都应进行概率安全分析，并要持续更新，以便用于随后的定期安全审查。

在定期安全审查中应利用相关的研究成果以及常规安全审查、专项安全审查的结果，以便最大程度地减少重复性工作。应该选定相应的参考文件，并对其作出使用的解释。对核电厂安全性的总体评价应综合考虑所有要素的评价结果和未解决的弱项。

第三节　发展历史

1. 定期安全评价立法历史

为了执行一项于 1996 年 10 月生效的强制性条款，韩国核安全和保安委员会（NSSC）决定在 1999 年 12 月 21 日的第 11 次委员会会议上引入定期安全评价机制，并于 2000 年 5 月首次完成了 Kori 核电厂 1 号机组的 PSR 试点。随着 2001 年 1 月对核安全法案的修订以及 2001 年 7 月对核安全法的执行令和执行条例的修订，韩国完成了定期安全评价的立法。根据相关要求，核电厂营运单位应全面评估每个核电厂的安全性。获得运行许可证后，每 10 年要对相关核设施进行一次全面的检查评估，并向 NSSC 报告评估结果。评估范围最初是基于 11 个安全因素，例如核电厂的实际状况、安全分析和设备鉴定。但是，在法律修订后，2011 年 11 月又增加了三个要素（核电厂设计、概率安全分析和灾害分析）。

1999 年 12 月 21 日第 11 次核安全与安保委员会表决通过了“运行核电厂定期安全评价推进方案”，对运行年限超过 20 年的机组，从 2000 年 5 月起试行评估，并于 2000 年完成了定期安全评价制度的法制化。2002 年后，对所有正在运行的核电厂扩大施行，但从运行年限较长的核电厂开始优先施行。韩国政府自 2000 年 1 月起成立由原子能机构及专家组成的定期安全评价事务协商会议，以评估技术标准；对评价标准、时间等主要问题进行讨论后，经过核安全与安保委员会的讨论，制定了实施定期安全评价和法制化的“定期安全评价实施指南”。2001 年 1 月，韩国通过修订核安全法和相关法律，建立了一个体制，体系中引入了国际原子能机构《核安全指南》50-SG-O12 中的定期安全评价相关要求。因此核电厂营运单位在自 2000 年 5 月起对运行超过 10 年的核电厂进行了定期安全评价。

2. 定期安全评价开展情况

自 1978 年 Kori 核电厂 1、2 号机组开始商业运作以来，韩国继美国、法国、中国、俄罗斯和日本之后，目前运行核电机组世界排名第六。随着机组运行年限的增加，公众关注的重点转为核电厂运行核安全。在这方面，除了现有的核安全检查之外，定期安全评价作为一种对核电厂的全面、系统的核安全评估手段，成为保持高水平核安全的有效手段。定期安全评价考虑了核电厂老化的累积效应、运行经验和科学技术的演变。

（1）监管机构

随着 2000 年定期安全评价的引入，监管机构旨在确认韩国的核电厂保持适当的安全水平，正确管理老化现象以及在核电厂的设计、运行和维修方面受过良好培训的工程师参与实施定期安全评价。

韩国 PSR 范围涵盖核安全法第 37.1 条中定义的 14 个要素，这些要素吸收了 IAEA 相关规定，包括对定期安全评价报告中的最新技术做出响应的安全改进计划，并提出替代方案，或者表明即使在不采用最新技术标准的情况下采用最新技术对安全的影响也不显著。核安全相关法律规定了营运单位提交 PSR 的内容和结果，但对监管机构在 PSR 审查中角色仍未明确要求。

因此，NSSC 采用每 10 年开展一次定期安全评价，以审查和批准 PSR 结果的适当性，并制定安全改进实施计划，以加强监管机构在 PSR 中的作用，并逐步改善运行核电厂的安全性。

（2）营运单位

韩国核电厂营运单位利用定期安全评价来评估 2000 年以来的核电厂老化、改造、运行经验、技术发展和场址特征的累积影响。特别是核电厂老化的评估和管理是定期安全评价的主要领域之一，包括识别老化的关键构筑物、系统和部件（SSCs），评估老化效应和实施老化管理。

目前，韩国水力原子力公司已经建立了企业范围内的专用定期安全评价管理团队，以协调持续运营，但是它依赖包括承包商在内的各种组织来进行所需的工程活动。如图 8-2 所示，在与项目有关的组织之间，通过协作工作系统实现了持续运行。总公司制订计划并确保人员和资金的实施 LTO 项目。在承包商的支持下，中央研究院在准备用于许可申请的数据包中起着关键作用。核电厂负责现场工作，包括创新、许可和公众参与活动。

KHNP 在运行许可证颁发之日后每 10 年对所有核电厂执行一次 PSR，并将报告提交给 NSSC。NSSC 和 KINS 审查了核电厂营运单位安全评估的结果以及其弱项改进计划。

根据核安全法实施令相关要求，要使核反应堆超出其设计寿命，要求被许可人在设施设计寿命到期日之前 2 到 5 年内提交评估报告。监管机构的安全审查通常需要 18 个月。NSSC 每次批准的运行许可证的有效期最长为10年。只要核电厂可以继续安全运行，运行周期的数量就没有限制。当核电厂达到其设计寿命时，被许可人可以选择终止或继续运行。

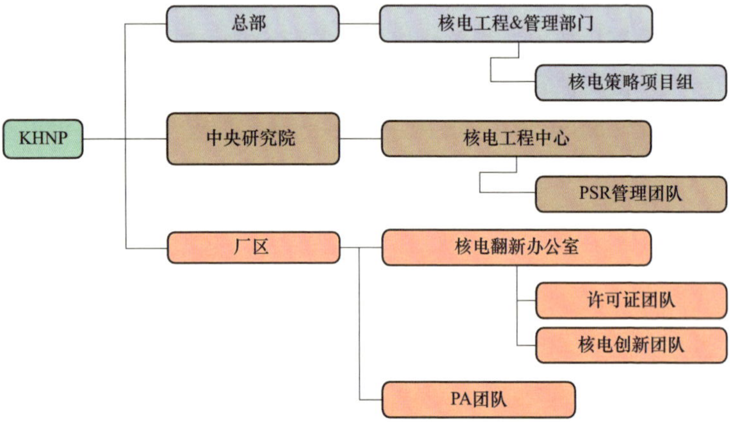

图 8-2　定期安全评价的执行程序

第四节　实践与经验

1. 审查原则

为了确认和改善运行核电厂的安全性，在进行安全性评估时，需要对该反应堆设施采用最新的技术标准进行审查，以符合按现行安全标准和惯例进行综合、系统的安全评估的定期安全评价的目的。根据最新的核电厂安全标准和惯例，为确保和改善该反应堆设施的安全，必要时还应增加新的安全标准和惯例。

以现行核安全法规规定的有关核电的位置、结构、设备、性能、运行、质量保证的技术标准为基础。上述技术标准中，如果由于该核电厂的使用目的、原理性差异或设计特点等原因，不能直接适用或者即使不适用也认为对安全无影响的，可以不采用某些规定；由于运行核电厂的特点，不适合采用上述技术标准的，应当通过进行构筑物、系统和部件的安全重要度评估，成本效益分析和概率论安全性评价，指出其可行性。对结构筑物、系统和部件的安全重要性的评估，应通过概率安全评估方法评估对整体风险的相对贡献来确定。

应该通过适当反映定期安全评价的 14 个评估要素，来系统地评估运行核电厂的核安全状态和运行能力，并提高安全性。同时编制定期安全评价报告时应当考虑评估和审查的效率。

2. 评价专题

核安全法（23-3）要求核电厂营运单位定期评估核安全，并向核管理机构提交评价报告。该法的执行令（总统令）和执行条例（MEST 条例）对定期安全评价的详细目标和范围作了说明。定期安全评价的目的是通过全面审查根据现行核安全标准和做法判断核电厂是否安全，以及能否在下一次定期安全审查之前维持电厂核安全。定期安全评价有 14 个核安全要素，包括核电厂的所有核安全方面，情况如下。

① 核动力厂设计；
② 安全重要的构筑物、系统和部件；
③ 确定论安全分析；
④ 概率安全分析；
⑤ 设备合格鉴定；
⑥ 老化管理；
⑦ 灾害分析；
⑧ 安全性能；
⑨ 其他核动力厂经验及研究成果的应用；

⑩ 程序；

⑪ 组织机构和行政管理；

⑫ 人因；

⑬ 应急计划；

⑭ 辐射环境影响。

核电厂营运单位根据核安全法案执行法令和执行条例所述的目标和范围，自行开展定期安全评价。

（1）反应堆设施设计的有关事项

① 目的及内容

本评估的目的是确定电厂设计和有关文件是否符合核安全法规、设计标准和管制要求，并得到妥善管理。

为实现这一目标，安全性评估应包括以下内容。

（a）安全重要的构筑物、系统和部件目录及安全分级；

（b）设计文件（原件及修订本）的适当性；

（c）在电厂设计中适用的技术标准与现行技术标准之间的差异；

（d）纵深防御方面存在的弱项对核安全的影响；

（e）核设施场址的特性，包括人口密度、工业设施和交通设施（机场、公路和铁路等）。

② 评估范围及方法

与安全有关的构筑物、系统和部件清单的管理应符合电厂目前的实际状况。应确定核电厂建设时设计标准与最新设计标准之间的区别，并考虑安全相关构筑物、系统和部件设计特点，确认反映最新设计标准的必要性。对核电厂变更事项等进行设计评估时，应确认设计标准的适用原则。应妥善管理反映核电厂变更情况和场址特性重新评估结果的最终安全分析报告或许可依据文件。

（2）安全重要构筑物、系统和部件实际状态的有关事项

① 目的和内容

本评估的目的是确定核设施在评估时的物理状态，并确定至少在下一周期进行安全评价前，是否能够满足设计要求。另外，确认目前有效的记录是否正确反映了核电厂的状态。

为实现这一目标，应包括在安全性评估中的内容如下。

（a）有关安全重要构筑物、系统和部件的完整性及执行功能能力的信息；

（b）安全重要构筑物、系统和部件的现状，以及已经发生或预计发生的老化信息；

（c）确认对安全重要的构筑物、系统和部件执行功能能力的试验结果；

（d）对安全重要的构筑物、系统和部件的检验结果和维修记录；

（e）安全重要的构筑物、系统和部件的运行过程和现状；

（f）维修和修理车间。

② 评估范围和方法

核电厂的构筑物、系统和部件的实际物理状态应在定期安全评价初始阶段进行审查，并应确定记录是否为最新状态。

安全重要的构筑物、系统和部件的实际状态的数据不足时，一般情况下通过特别的试验或者检查来提供相关数据。确认由于不可达而难以掌握实际状况的构筑物、系统和部件，以评估由此产生的安全影响。对在运行初期未得到项目承包商提供安全设备设计依据文件的长期运行的核电厂，通过定期安全评价将缺失的安全相关设备设计依据文件归档，安全相关设备设计文件应反映电厂构筑物、系统和部件及程序的变更情况。

核电厂的安全相关构筑物、系统和部件的实际状况，应使用现有或预计的老化过程或有关电厂系统和设备老化的知识、变更和运行过程进行审查。应评估自上一次定期安全评价以来变更对核电厂状态的影响。

核电厂设计或前期安全评价后，应评估设计标准的改变对电厂状态的影响。评价结果表明设计标准的变更影响电厂状态时，应采取纠正措施，并将纠正措施内容及评价结果在定期安全评价报告中予以记录。

（3）确定论安全分析的有关事项

① 目的和内容

评估的目的是在考虑下一次定期安全评价时的预期状态以及当前的安全分析方法和技术标准时，确认现有的安全分析是否能够维持安全重要构筑物、系统和部件的有效性。

为达到此目的，应包括在安全性评估中的内容如下。

（a）始发事件、解释方法和用于现有确定性安全分析的计算机代码与当前技术标准的比较；

（b）正常和事故条件下的照射剂量和放射性物质释放限值；

（c）确定论安全分析指南，其中考虑了单一故障准则、多重性、多样性和独立性；

（d）电厂寿期内预计出现一次以上的各种运行条件。

② 评估范围和方法

应定义当前安全分析中包括的始发事件、解释方法和标准，并提出与现有安全分析的比较方法和有效性确认方法。安全分析和假设的范围和方法可以确定电厂构筑物、系统核部件的初始设计标准和修订的设计标准。

基于核电厂的实际设计，反映从评价基准日起长达 10 年的状况，并且可以在必要时重新分析安全性，以确保考虑到适当的假设初始事件。尤其应该评估影响核电厂安全重要变更的安全性。

核电厂现行的构筑物、系统和部件设计应基于假设事故产生的辐射量，同时应当对放射性物质泄漏的限值进行评估。

单一故障标准、多重性、多样性和独立性等有关确定论安全分析指南的最新标准与现有标准进行比较，确认现有标准的有效性。

比较现有核电厂寿期内预计出现一次以上的各种运行状态和根据运行经验及现行标准预计出现的各种运行状态，并确认现有结果的有效性。

（4）概率论安全评价的有关事项

① 目的和内容

评估的目的是检查是否正确维护、管理和利用了概率安全评估（PSA）结果，以便可以识别电厂设计和运行中的安全弱项，并可以评估提出的安全改进措施的有效性。

评估应包括以下内容。

（a）分析模型的有效性；

（b）分析模型及其结果与事故管理程序之间的一致性；

（c）结果运用的适当性。

② 评估范围和方法

研究设计和运行上的变更、运行经验、改进的评价方法等是否适当地反映在分析模型中。审查设计基准事故和超设计基准事故的事故管理程序是否与分析模型和结果保持一致。复查电厂的风险是否控制得足够低，所有事故和运行条件的风险是否得到适当平衡，以及是否在必要时采取了适当的安全改进措施。

（5）灾害分析的有关事项

① 目的和内容

评估的目的是要确定核动力厂防御内部和外部灾害的充分性，应在考虑核动力厂的设计，厂址的实际特征，构筑物、系统和部件的实际状态及在本次定期安全审查所覆盖的周期末它们的预计状态、现行的分析方法、安全标准和经验的基础上得出相关结论。

为实现上述目标，应包括在灾害分析中的内容如下。

（a）内部灾害和外部灾害的预计规模和发生概率；

（b）考虑到核设施的状态、老化、当前的安全标准和环境影响而进行的风险评估结果；

（c）采取措施预防或者缓解内外部灾害的程序。

② 评估范围和方法

对可能影响电厂安全的内外部灾害，应分别进行灾害分析。在灾害分析中，应根据目前可用的分析方法、安全标准和信息确定内部灾害评估结果和根据核电厂现状制定的内部灾害预防（或缓解）对策。风险分析应采用最新有效的分析方法、安全标准和信息。灾害分析可以考虑相关的国际标准和惯例。在分析灾害时，应考虑国内外核电厂及其他设施的灾害案例及运行经验。为此，必须确认从核电厂发生的灾害中获得的信息。同时应确定核电厂预防（或缓解）灾害的程序的适当性。

（6）设备合格鉴定的有关事项

① 目的和内容

本评估的目的是确定核设施的主要安全相关设备在评估基准日起 10 年内是否能够完成预期的安全功能。

为实现这一目标，安全性评估应包括以下内容。

（a）列入设备合格鉴定计划的设备目录和管理程序目录；

（b）设备合格鉴定方法和质量保证；

（c）分析设备故障对设备合格鉴定的影响并采取适当的纠正措施以维持设备合格鉴定；

（d）保护设备免受恶劣环境条件影响的措施；

（e）验证设备的物理状态和功能；

（f）记录设备在安装期间采取的验证措施。

② 评估范围和方法

必须在包括自然事件和事故在内的假设条件下正确验证和

维护安全重要设备，以确保安全功能的执行。安全重要设备的验证应评估该设备可以在其整个生命周期内执行其安全功能。应当验证，最初已经保证了所需的设备性能，并且为维护设备的性能而持续进行诸如计划维修、测试和校准之类的措施。

（7）老化的有关事项

① 目的和内容

本评估的目的是保持所要求的安全裕度，确定安全重要的构筑物、系统和部件的现状以及已经发生或预计发生的老化是否得到有效管理，并确认为今后的核电厂安全运行制订了适当的老化管理计划。

为实现这一目标，安全性评估应包括以下内容。

（a）被评估的构筑物、系统和部件的分类和选择；

（b）分析被评估的构筑物、系统和部件的老化现象；

（c）老化后的构筑物、系统和部件的功能及安全裕度；

（d）安全重要的构筑物、系统和部件的功能和安全裕度降级的时间点和未来状态预测；

（e）安全重要的构筑物、系统和部件现状和产生或预计产生的老化的缓解措施和管理计划。

② 评估范围和方法

在对安全重要的构筑物、系统和部件的老化管理中，应预测和检测可能损害所要求的安全功能和使用寿命的时间点，并审查是否正在采取适当的维修和缓解措施。在运行寿期内对安全重要的构筑物、系统和部件进行检查，以保证所要求的安全裕度得到保持；审查是否有一项由包括检查、维修、化学控制和运行经验的所有活动组成的综合的老化管理计划，以及为实施这些计划而建立的机制。老化管理计划包括老化管理方法，对相关老化现象的理解，它应包括每个设备和结构的验收标准，确保性能不佳的构筑物、系统和部件的性能的措施和计划，检测和缓解老化的方法以及构筑物、系统和部件的实际状况。

老化问题是核电厂定期安全评价中发现的主要问题，老化管理策略与许可证延续相似。事实上，定期安全评价与美国的许可证延续过程在老化管理方法上有许多相似之处。因此，韩国在定期安全评价过程中反映了与国内外核电厂的许可证延续过程有关的经验。在定期安全评价中，老化管理程序和反馈机制包括所有相关活动，如监测、维修、化学控制和与运行经验相关的反馈。这些方案确保在电厂整个寿期内，保持对核安全重要的构筑物、系统和部件所需的安全裕度。

老化管理方案包括管理和技术方面。管理方面包括：（a）方案政策；（b）程序；（c）业绩指标；（d）人员配置、资源；（e）记录保存。技术方面包括：（a）老化管理方法；（b）相关老化现象的认识程度；（c）构筑物、系统和部件特定验收标准；（d）老化检测与缓解方法；（e）构筑物、系统和部件的实际状况。

随着定期安全评价的成功实施，核电厂的核安全得到了确认，并估计将通过持续的核安全改进得到加强。主要的方式有翻新老化部件、额外的老化评估以及建立或补充构筑物、系统和部件老化管理计划。

③ 定期安全评价老化问题举例

各电厂定期安全评价中典型的老化评价结果如下。

2000—2003 年第一个开展定期安全评价的 Kori 核电厂 1 号机组，主要关注的是：（a）反应器压力容器的辐射脆化；（b）600 合金部件和部件支撑螺栓的应力腐蚀裂纹（SCC）；（c）铸造奥氏体不锈钢部件的热脆化；（d）热交换器减薄。另外，还考虑了其他一些因素。此外，还提出了硼酸腐蚀程序的改进和疲劳监测系统的应用等改进项。

Wolsong 核电厂 1 号机组的主要问题涉及由于以下原因造成的老化：（a）拉伸、直径膨胀、下垂和压力管蠕变；（b）给料管壁减薄以及其他预期问题。Wolsong 核电厂计划在大修过程中翻新几个老化部件，包括压力管、卡兰迪亚管和进料器。此外，还应用了包括碳钢部件在内的一次和二次系统管道的管壁减薄管理程序，并进行热交换器的程序升版。

Kori 核电厂 2 号机组的定期安全评价结果表明，600 合金构筑物、系统和部件的疲劳监测程序和老化管理程序以及与部件支撑螺栓、热交换器管壁减薄和硼酸腐蚀有关的程序对于增强核安全性是必不可少的。

Kori 核电厂 3、4 号机组的主要老化问题与以下几个因素。其中包括：（a）建立电气无源部件以及与核安全有关的结构（包括安全壳）的补充老化管理计划；（b）改进部件检查和性能管理程序；（c）加强反应堆的外观检查；（d）热交换器的性能管理。

Yonggwang 核电厂 1、2 号机组的老化问题涉及以下方面：（a）状态监测和预防性维修改进；（b）热交换器的性能管理；（c）管壁减薄管理；（d）二回路的化学控制；（e）建立构筑物、安全壳和电路卡的老化管理计划。

Yonggwang 核电厂 3、4 号机组主要老化问题涉及状况监测和预防性维修改进、热交换器的性能管理以及核安全相关结构（包括安全壳）的评估。

Ulchin 核电厂 1、2 号机组的老化问题与以下因素有关：（a）混凝土结构；（b）暖通空调管道；（c）电气结构支架和电缆；（d）热交换器的性能；（e）构筑物、系统和部件高强度（超过 50 ksi）地脚螺栓；（f）碳钢部件的壁厚减薄。所有老化问题已按实施进度推进。

（8）安全性能的有关事项

① 目的和内容

本评价的目的是通过对核电厂安全性能相关运行经验的分析和评价，判断进一步提高安全性能的必要性。

为实现这一目标，安全性评估应包括以下内容。

（a）安全相关事件分级及根本原因分析结果反映体系；

（b）安全相关运行资料的筛选和记录，包括维修、试验和检查记录方法；

（c）分析安全相关运行资料及安全系统的不可用度趋势；

（d）安全性能指标分析；

（e）对电厂内作业人员的辐射剂量，电厂内外辐射监测资料、放射性废物的产生及放射性物质释放量的记录。

② 评估范围和方法

检查是否建立了维护所有事件记录和评估事件安全重要程度的体系，包括与安全相关的仪器、设备故障的次生事件，以评估核电厂的安全性能。同时，是否收集、筛选、定期评估运行、维修、试验、检查、更换及设备变更等记录，并定期进行评估以检查是否有不安全的状况或趋势。

安全绩效指标评估结果以一定时期（例如每年）的综合安全绩效评估结果的形式呈现，并审查是否需要对趋势分析以确认对安全状态的所有与安全绩效相关的事项进行适当评估。为此，应包括评估系统的适当性和有效性、应用趋势分析以及与国内外其他类似核电厂的比较。复查额外的复查结果和措施，以检查安全绩效指标不足的可能原因。

复查额外的复查结果和措施，以检查性能指标不满足要求的可能原因。此外，还应对与其他电厂安全性能指标的比较结果以及必要时采取的措施进行审查，以确保适当性。

在正常运行和预计运行过渡状态下产生的辐射相关风险是核电安全性能的重要因素，因此相关指标中还应包括辐射照射数据（该辐射照射数据将对核电厂工作人员构成风险）和放射性排放数据（其影响环境）。

应评估这些记录，以确定受辐射照射的放射性物质和放射性物质是否在规定的限制范围内，并符合“ALARA（As Low As Reasonably Achievable）”的原则和管理得当，同时评估放射性废物产生数据。

（9）其他核动力厂经验及研究成果的应用有关事项

① 目的和内容

核电厂运行经验及研究结果可帮助电厂查明未知的安全隐患或解决现有确认的问题。本评估的目的是确定在与此相关的其他类似反应堆设施中的运行经验和与核电厂安全性相关的研究结果是否已适当地用于合理可行地提高该核设施的安全性。

为实现这一目标，安全性评估应包括以下内容。

（a）反映核反应堆运行经验和研究结果的计划和系统的适当性；

（b）反映核反应堆运行经验和研究结果以及应采取的措施。

② 评估范围和方法

评价电厂运行组织作为正常运行活动的一部分，是否具有相应的收集、分析、反映自身及国内外其他类似反应堆、运行经验和有关核电安全研究结果的管理体系。

在所建立的体系内，应评估自身及同一营运单位的其他核电厂信息，国内外其他类似设施的运行经验报告以及核电安全性研究结果等是否在所建立的管理程序内得到了适当的收集和分析。

应通过设施的改进，安全标准的补充，运行规程的改进以及教育和培训等手段，正确地反映所收集的运行经验以及对研究结果和评估结果的分析，以合理地改善电厂的安全性。

应评估在定期安全评价的初始阶段是否应用了有关运行经验和研究结果，以便为评估其他因素提供适当的输入数据。

（10）运行和维修等程序的有关事项

① 目的和内容

本评估的目的是确定核电厂的运行、维修、检查、试验、变更和应急响应的程序是否按照适当的标准编制。

为实现这一目标，安全性评估应包括以下内容。

（a）安全相关程序的建立和修订系统；

（b）程序的定期审查和补充计划；

（c）程序清晰，考虑到人因因素；

（d）反应堆的设计、运行经验、安全分析的假设，以及结果与程序的符合性；

（e）基于恢复必需安全功能的事故管理规程。

② 评估范围和方法

程序应便于理解且有效，并应评估是否得到正式批准。程序文件应清晰，符合核电厂实际，并在合理可行的情况下审查是否反映了目前的做法。程序应准备就绪，供有关人员使用，并对变更进行适当的控制。运行规程应审查与安全所用的假设和结果是否相符。对程序的评估包括正常和异常状态的运行程序，维修、测试和检查程序，工作许可程序，文件修订的核电厂设计、变更程序和设施的控制程序，辐射防护程序，保健物理程序，以及放射性废物管理程序。

（11）组织、管理体系和安全文化的有关事项

① 目的和内容

本评估的目的是确定核电厂的运行组织、管理体系和安全文化是否适当和有效，以保证安全运行。

为实现这一目标，安全性评估应包括以下内容。

（a）安全机制；

（b）文件化的个人和组织的权利和责任，包括执行安全目标和安全优先原则；

（c）保持反应堆设施运行的系统方法；

（d）利用外部人员和专家体制；

（e）职工教育培训设施及计划；

（f）包含独立评估人员的正规质量保证审计和质量保证计划；

（g）对安全文化的诊断、分析、定期评估以及增进安全文化的执行体系。

② 评估范围和方法

组织的营运组织、管理体系和安全文化在确保安全运营中起着重要作用，因此，应遵循国际组织（如IAEA）提出和发布的评估范围和方法，并且应检查以确保不会造成不可接受的风险。

管理体系（包括自我评估和持续改进的措施，以及管理可能影响安全的核电厂营运单位组织机构变更的措施），组织机构控制，技术和合同上的支持，培训，质量保证，记录和管理要求的遵守，安全优先原则的履行，安全文化诊断、分析、评价和增进的履行机制等应包括在审查对象中。

当核电厂营运单位自行评价难以确保客观性时，部分主题可以接受外部咨询或由外部专家进行。

（12）人因的有关事项

① 目的和内容

本评估的目的是评估各种可能影响核电厂安全运行的人因要素的管理状况，以确定得出合理可行的改进事项。

为实现这一目标，安全性评估应包括以下内容。

（a）职工管理水平，包括轮班和加班限制；

（b）合格人员是否执行经常性任务；

（c）初始、再培训和提高能力的培训计划，包括模拟机培训；

（d）分析人员信息需求和工作量；

（e）人机联动系统分析。

② 评估范围和方法

对可能影响核电厂安全运行的各种人因要素进行评估，以评估是否正得到正确管理，以尽量减少人为错误的发生。对员工构成、招聘和培训，员工相关问题，以及程序中的人因要素等进行评估。应该评估是否满足了运行人员完成所分配工作所需的人力信息要求，同时应该评估由于时间或空间等工作条件限制，运行人员工作表现不会降低。

在对人机联动系统适当执行的配置管理的基础上，对是否系统地进行了人机联动系统的分析进行评估。在人机联动系统的分析中，应根据从核电厂事件及事故案例中得出的经验教训，评估在运行和维修工作中要考虑的人因要素是否得到适当管理。

（13）应急计划的有关事项

① 目的和内容

本评估的目的是确定适合应对核电应急情况的计划和人员；确保设备和仪器齐备，核电厂营运单位的应急体制与地方/中央政府机构保持有机协调关系，并进行定期培训。

为实现这一目标，安全评估应包括以下内容。

（a）应急情况的策略、组织、计划和程序；

（b）电厂中用于应急情况的设备和设施；

（c）电厂内外应急响应设施和通信设施的适用性；

（d）应急培训，包括相关组织、经验总结和互助体系；

（e）应急计划和程序的定期评估计划；

（f）居民疏散时的预计所需时间。

② 评估范围和方法

应包括全面的评估工作，以确定针对放射性释放可能性的应急计划是否令人满意。根据目前的安全分析以及与事故缓解有关的研究和惯例，审查是否需要更新应急计划。

应急演练应确定场地内外人员的作用、设备所需技能（包括通信设备）和应急计划的适用性，并应在定期应急演练和评估后，评估改进情况是否符合应急计划。

在定期安全评价中，应审查核电厂场址的变化，核电厂和应急设备的改进/维修以及该场址周围工业、商业和住宅开发的重大变化。

（14）辐射环境影响的有关事项

① 目的和内容

辐射环境影响评价主要研究核设施运行释放的各流出物的排放记录和警报装置、居民受辐射剂量评价结果、辐射环境监测结果的适用性。

确认电厂周围地区辐射环境监测报告的出版和分发情况，并审查其适宜性。

（a）所有可能受放射性污染的泄漏途径的排放限值和排放记录；

（b）警报系统，用于核电厂内计划外的废水排放；

（c）核电厂周围居民的受辐射剂量；

（d）对核电厂周围地区的辐射环境监测；

（e）环境监测资料的出版和分发。

② 评估范围和方法

辐射环境影响评价主要研究核设施运行释放的各流出物的排放记录和警报装置，居民受辐射剂量评价结果、辐射环境监测结果的适用性。确认核电厂周围地区辐射环境监测报告的出版和分发情况，并审查其适宜性。

3. 改进项

（1）安全改进项的提出

对核电厂营运单位进行的 14 个要素的评估应利用相关法令中提出的技术标准进行，并通过这些要素的评估得出需要改进的项目。

核电厂营运单位应当编制评估报告，包括通过评估得出的安全改进项，并提交核安全与安保委员会。在进行评估过程中，发现严重安全隐患时，应当立即采取措施，并将措施的内容简要记录在评估报告中。核安全技术部门审查核电厂营运单位提交的评估报告并编制审查报告。

核电厂营运单位应根据评估报告中所述的安全改进事项和核安全与安保委员会的审查结果制订实施计划，并将其提交核安全与安保委员会。

（2）安全改进项的实施

核电厂营运单位应根据向核安全与安保委员会提交的实施计划，履行必要的安全保障措施。核电厂营运单位应综合安全保障措施的实施情况，提交核安全与安保委员会。

（3）安全改进项举例

2019 年 10 月韩国第 109 届核安全与安保委员会审议通过了 Hanul 核电厂 5、6 号机组定期安全评价安全性改进项实施计划。Hanul 核电厂 5、6 号机组第一次定期安全性评价审查结果得出共 17 项安全性改进项，这些改进项是根据最保守的技术标准（现行技术标准）对 Hanul 核电厂 5、6 号机组进行审查得出的。

韩国核安全与安保委员会会通过以下方面确认改进计划的合理性。

①（改进方向）确认 17 项安全改进计划的改进细节和每个阶段的详细计划是否符合安全改进的目的；

②（利用标准和资料）确认现行的提高安全性的技术标准和近期资料（庆州地震、气象资料等）已适当反映在实施计划中；

③（实施方案）确认韩国水力原子力株式会社（KHNP）提出的实施方案，其自身分析、程序修改、设计变更等适合执行安全性改进项。

④（行动期间）确认每个实施计划的评估期、设计变更期等所需时间已适当计算并安排妥当。

Hanul 核电厂 5、6 号机组定期安全评价 17 项安全性改进项主要包括：许可事项没有变化，KHNP 会自行采取措施（6 项）；通过改进的确定论及概率论安全性评价等的评价方法，根据评价结果确定会影响许可事项的改进项（10 项）；由于许可变更事项，申请变更运行许可（1 项）。

由于许可事项没有变化，KHNP 会自行采取措施的 6 项改进项为：人机工程学的相关程序的补充；现场控制面板照明的改善；考虑人机工程学的控制面板的改进；抗震验证维护体系建设；建立和补充用于电磁兼容性验证的系统维护程序；增强混凝土结构无损强度评估结果的可靠性。

通过改进的确定论及概率论安全性评价等的评价方法，根据评价结果确定许可事项等措施的 10 项改进项为：从次级峰值压力的角度对瞬态分析进行重新评估；在损失少量冷却剂的情况下评估顶盖密封件穿刺和改造的影响评价；对设备废液箱损坏事故和燃油搬运事故的补充评估；使用最新的厂内大气扩散因子在主控制室进行剂量评估；核燃料导热系数降低（TCD）效果的定量评估；重新进行大型冷却剂丢失事故分析，以反映反应堆容器上盖温度；主控制室可居留性再评估程序的制定与实施；反映最新电厂状态的概率安全评估模型，脆弱性评估和事故管理程序一致性评估；通过最大可能降水量进行二维洪水评估；概率论地震灾害分析。

有许可变更事项申请变更运行许可的 1 项改进项为：事故发生时碘峰值模型的适当性评估。

后续，KHNP 将每半年报告一次性能结果，直到安全改进措施的实施完成为止。韩国核安全与安保委员会将通过定期检查等方式现场确认履行情况。

术语和缩略语

NSSC：核安全与安保委员会。

MEST：教育、科学和技术部。

MKE：知识和经济部。

KINS：韩国核安全研究所。

KINAC：韩国核不扩散与控制研究所。

参考文献

[1] Plant Life Management Models For Long Term Operation Of Nuclear Power Plants [R].Vienna:International Atomic Energy Agency, 2015.

[2] JIN et al.Current status and prospect for periodic safety review of aging nuclear power plants in korea [J]. Nuclear Engineering & Technology, 2009.

[3] 가압경수로형 원자력발전소 주기적안전성평가 심사지침서: KINS/GE-N7[S]. 2015.

第九章　我国定期安全评价现状与展望

2018 年 5 月 22 日，四部委联合发布了《关于进一步加强核电运行安全管理的指导意见》，提出了要“坚持持续改进。充分汲取运行事件经验反馈和国内外同行经验教训，扎实有效开展常态化、机制化的评估、检查和改进行动，追求卓越，持续提高安全绩效”的基本要求。定期安全评价作为核电厂寿期内持续改进的重要一环，一般每 10 年开展一次。

它通过对核电厂各个安全要素的积累效应进行综合评价，从而全面掌握核电厂的实际安全情况。每次审查均需投入大量的人力物力。在我国核电机组数量较少时，这种模式是可行的。但近几年我国核电建设高速发展，截至 2018 年 3 月 9 日，商运核电机组已达 38 台。可以预见，未来 10 年内这些机组的定期安全评价工作会集中启动，届时以监管部门现有的人力物力，无法以旧的模式同时应对这么多机组的定期安全评价，因此亟待开展改进定期安全评价工作的研究。本章在此分析定期安全评价工作的现状和问题，提出改进建议。

第一节 目前现状

我国运行核电厂的定期安全评价发展至今，已经形成了较为健全的法规导则体系，在运行核电厂持续改进方面取得了较好的成效，也积累了一些宝贵的经验，分别阐述如下。

1. 法规导则体系健全

我国与定期安全评价工作相关的法律和规章体系健全、层次分明。在法律层面，《核安全法》第二章第十六条规定："核设施营运单位应当对核设施进行定期安全评价，并接受国务院核安全监督管理部门的审查。"在部门规章层面，由国家核安全局批准发布的《核电厂运行安全规定》（HAF103）第 10 节对定期安全评价进行了一系列的规定。在核安全导则层面，由国家核安全局批准发布的《核电厂定期安全评价》（HAD103/11）对定期安全评价的目的、范围、策略、安全要素、职责等进行了详细的指导和说明。

2. 持续改进成效显著

我国商运核电机组中，已做过定期安全评价的机组有 11 台。其中大亚湾 1、2 号机组两次，岭澳 1、2 号机组一次，秦山一期两次，秦山二期 1、2 号机组一次，秦山三期 1、2 号机组一次，田湾 1、2 号机组一次。对定期安全评价发现的大部分弱项，核电厂营运单位进行了持续改进，成效显著。如根据岭澳 1、2 号机组第一次定期安全评价的结论，营运单位逐步补充完善了设计基准文件，改进了地坑过滤器，加装了严重事故工况下对安全壳压力的监测仪表等，这一系列的改进，纠正了机组存在的弱项，使机组维持在一个较高的安全水平。对于这些机组在定期安全评价中提出的改进措施，一部分直接固化在了后续建设的同类型机组中，这也是定期安全评价在四部委关于核电“坚持持续改进。充分汲取运行事件经验反馈和国内外同行经验教训，扎实有效开展常态化、机制化的评估、检查和改进行动，追求卓越，持续提高安全绩效”要求的体现。

3. 审查工作逐步优化

监管部门在进行定期安全评价工作的过程中总结经验，在保证审查范围不减少、审查深度不降低的情况下，突出重点，充分利用其他审查工作的成果，逐步优化了后续的审查工作。如对于田湾核电厂 1、2 号机组的第一次定期安全评价，结合机组运行初期设备问题多发的特点，确定以核电厂设计，构筑物、系统和部件的实际状态，设备合格鉴定，老化，灾害分析的火灾子专题等为审查重点，提高了审查工作的针对性和审查效率。对于“应急计划”安全要素，由于监管部门会定期对应急计划进行审查和批准，其频度高于定期安全评价的频度，其结果也能达到定期安全评价的目的。因此对于此要素充分借鉴最近一次监管部门的审批意见即可，节省了审查资源，做到了“将好钢用在刀刃上”。

第二节 存在问题

随着我国能源结构的改进，近几年投入运行的核电机组大量增加，对监管资源提出了新的挑战。同时，在已开展的几次定期安全评价中，也暴露出了目前存在的一些问题，分别阐述如下。

1. 机组众多、资源紧张，旧模式亟需改变

我国能源发展战略行动计划提出了优化能源结构的目标，核能作为非化石能源的重要一环，在最近七八年时间里得到大力发展，商运机组从以前的十几台短时间内增加到近 40 台。一方面，核电厂营运单位有经验的人员被大量稀释，新进人员没有定期安全评价的经验，能开展定期安全评价的人力物力资源有限；另一方面，与之配套的监管、审查资源虽得到了一定扩充，但相对于机组数量的增加，其发展仍相对滞后，新进人员的监督管理和审查能力的提高也需要时间。因此，定期安全评价以前采用的全面铺开、详细审查的旧有模式已不能适应新形势下的任务量，亟需改变。同时，这种改变应充分考虑实际情况，做到提高效率的同时，不影响审查质量，不降低安全要求。

2. 审查重点不突出、同类机组缺乏反馈

在进行定期安全评价初期，核电厂营运单位和监管部门均处于摸索状态，因此采用全面铺开、详细审查的方式是合理的，也为营运单位和监管部门积累了宝贵的经验。但这种模式也存在弊端，即“眉毛胡子一把抓”，重点不突出。实际上根据每个核电机组的历史事件记录和运行情况，可以将问题较多的要素作为审查重点，指标良好的要素仅做一般性审查；对于可被其他审评工作覆盖的要素，充分借鉴其他审评工作的成果；还可针对某个机组特别突出的问题，在 HAD103/11 推荐的十四个安全要素之外增加专题进行审查。在这方面，监管部门在田湾核电厂 1、2 号机组第一次定期安全评价时已做了一定的尝试，今后将继续推广。

另一方面，由于定期安全评价每 10 年开展一次，间隔时间长，已开展的数次定期安全评价均是孤立进行的，缺乏同类型机

组定期安全评价之间的反馈机制，不利于通过定期安全评价发现同类型机组的共性问题。

3. 部分纠正行动落实不力

定期安全评价的目的是找出机组存在的强项和弱项，对强项加以保持，对弱项经过评估后给出纠正行动计划，加以改进。因此，审查工作的完成并不是结束，而是纠正行动计划的开始。审查只是第一阶段的工作，真正的后期落实需要靠纠正行动计划。国内已实行的若干次定期安全评价中，大部分弱项均通过纠正行动计划得到了改进，但仍有少部分机组的弱项一直存在。这些弱项有的是因为机组建造年代较早，改进确实存在很大困难，但也有的是因为营运单位重视不够。同时监管部门对定期安全评价报告给出结论后，对后期纠正行动计划的落实也缺乏有效的监督。这两方面的原因造成了对部分弱项后期的改进落实不力。

第三节　对策和建议

针对即将到来的大量定期安全评价工作，需理清思路，抓住重点，采用合适的方式开展定期安全评价。定期安全评价是持续改进的一环，对于定期安全评价工作本身暴露出来的问题，也应进行持续改进。在此提出对策和建议如下。

1. 同类型机组定期安全评价标准化

针对机组众多、资源紧张、旧模式亟需改变等问题，建议采取同类型机组定期安全评价标准化的模式。我国近几年大批量建设的核电机组，绝大部分均为基于法国 M310 型的二代加改进型机组，属于同类型机组，其设计理念、堆型结构、运行文件体系均相同。这种特点决定了采用同类型机组定期安全评价标准化的模式是可行的。一方面，对于建造时间相近的同类型机组，明确统一的审查节点、统一的安全基准，批量化的审查，重点集中在共性问题的解决；另一方面，由监管部门和各核电厂营运单位共同商议，针对同类型机组出台标准化定期安全评价模板，各电厂只需对照标准化审查模板，说明本机组与标准化审查模板的差异即可。这样大大简化了审查过程，避免了重复劳动，同时保证了进行定期安全评价时，将人因对审查结果的影响降到最小，对同类型机组的安全要求大致持平。

2. 根据各机组特点进行重点审查

针对审查重点不突出的问题，建议根据各机组的实际运行情况挑选出重点安全要素进行审查。该对策与上一条对策相辅相成。例如对于运行期间设备问题多发的机组，可挑选构筑物、系统和部件的实际状态要素，设备合格鉴定要素等进行重点审查；对于人因失误多发的机组，可挑选人因要素、程序要素、组织机构和行政管理要素等进行重点审查；对于运行时间较长的机组，可挑选老化要素、核电厂设计要素等进行重点审查。由于机组的历史运行情况，事件数量及类型，失效及维修情况等数据等是挑选审查要素的重要依据，因此必须要求核电厂营运单位重视历史数据的记录和积累，才能保证挑选重点审查要素时有的放矢。同时，对于互相之间有影响的要素，可结合新版 IAEA 的导则里的各要素间的影响矩阵进行综合审查，避免孤立进行要素审查造成弱项的遗漏。

3. 建立定期安全评价闭环控制数据库

针对定期安全评价后期弱项纠正行动落实不力的问题，建议建立定期安全评价闭环控制数据库，并要求营运单位按期上报纠正行动计划落实情况。这样一方面加强了核电厂营运单位对落实纠正行动的重视程度，一方面建立了监管部门对纠正行动计划的落实情况进行长期跟踪的渠道。而且在同类型机组定期安全评价数据积累起来以后，有利于发现各同类型电厂有可能存在的共性问题、共同的弱项。对于这些共同的弱项，监管部门可以和相关营运单位共同商议解决办法，提出一致性的纠正行动，避免了同一个弱项不同机组纠正行动不一致，有的偏严、有的偏松的问题。数据库建立后，后期还可综合利用确定论和概率论的方法，评价机组安全水平的发展趋势。

4. 加强国内和国际交流

我国核电起步晚，初期发展缓慢，近七八年时间才开始高速发展，因此目前只做过八次左右的定期安全评价，且涉及 4 种不同的堆型，经验和数据与国外相比仍显不足。国内目前关于定期安全评价也主要是由各营运单位与监管部门进行单对单的交流，业内共同参与的交流稍显不足。今后几年，定期安全评价工作大量开展，需要加强国内同行之间的交流。同时，同类型机组定期安全评价标准化也要求各营运单位之间加强交流。另一方面，随着我国定期安全评价经验和数据的积累，跟国际同行的交流也应当开展起来，从跟跑到并跑再到适当领跑，使我国的定期安全评价工作、对核电机组的坚持持续改进工作逐步走到世界前列。